为了梦想，拼尽全力

U0747508

邱开杰 ◎ 编著

中国纺织出版社有限公司

内 容 提 要

　　谁都不可能随随便便成功，梦想需要付出努力，越努力越幸运；实现梦想需要开展行动，越早开始，越快到达；每个心怀梦想的人，都唯有拼尽全力，才能体会到收获的快乐。

　　这是一本写给生活中心存梦想的人们的一部心灵激励书，本书通过大量通俗易懂且韵味深长的事例，告诫那些正在人生路上为梦想默默奋斗却内心迷茫的人，成功的人是少数，想要实现梦想，除了努力还要有清晰的目标、坚定的信念、高效的行动力和战胜一切困难的勇气……实现梦想的路上，只有拼尽全力才不会辜负生命的意义，才能成就辉煌的人生。

图书在版编目（CIP）数据

　　为了梦想，拼尽全力／邱开杰编著.--北京：中国纺织出版社有限公司，2022.3

　　ISBN 978-7-5180-8979-6

　　Ⅰ．①为… Ⅱ．①邱… Ⅲ．①成功心理—通俗读物 Ⅳ．①B848.4-49

　　中国版本图书馆CIP数据核字（2021）第205231号

责任编辑：江　飞　　责任校对：高　涵　　责任印制：储志伟

中国纺织出版社有限公司出版发行

地址：北京市朝阳区百子湾东里 A407 号楼　邮政编码：100124

销售电话：010—67004422　传真：010—87155801

http://www.c-textilep.com

中国纺织出版社天猫旗舰店

官方微博 http://weibo.com/2119887771

三河市延风印装有限公司印刷　各地新华书店经销

2022年3月第1版第1次印刷

开本：880×1230　1/32　印张：7.5

字数：108千字　定价：39.80元

凡购本书，如有缺页、倒页、脱页，由本社图书营销中心调换

前　言

我们每个人的心中，都心存梦想，都有自己向往的生活，然而，在追求梦想的道路上，成功的只有少部分人，而大部分人都失败了。成功者之所以成功，原因有很多，但其中重要的一点是他们付出了超越其他人的努力，他们坚持了自己的梦想，为了梦想勇往直前；而失败者，在开始时也都满怀梦想，但在努力的过程中，他们在重重困难面前退缩了，最终泯然众人，他们开始选择一份安稳的工作，然后开始碌碌无为的生活。

我们追寻任何一个成功者的足迹，都可以发现，帮助他们推开成功之门的，毫无疑问，是不断地拼搏和努力，不断地倾注热情，做到拼尽全力。就像《活法》中所说的：如果想得到收获，就要为此付出艰巨的努力，只有这样神灵才会给你一把照亮前途的火炬，授予你一束"智慧宝库"的光明。

德国大作家歌德说过："人们在那里高谈阔论着天气和灵感之类的东西，我却像打金锁链那样苦心劳动着，把一个个小环节非常合适地连接起来。"唯一蝉联三次世界冠军的天才教练蓝柏第有一次说："任何一位顶天立地、有作为的人，不管怎样，最后他的内心一定会感谢刻苦的工作与训练，他一定会衷心地向往训练的机会。"

谁也不能随随便便成功，成功者是少数，唯有努力，能将天才和庸人划分。奋斗使一个人更充实、更崇高，它不仅帮助你获取工作、积累财富，更能真正影响一个人的内在，帮助你开发自己的能力，更好地利用自己的潜能，成为一个真正的胜利者。

可能一些人会说，我已经努力了，为什么还失败了呢？其实，这是因为你没有做到拼尽全力。要知道，努力并且持续努力非常重要。必须付出"不亚于任何人的努力"，否则就无法在严酷的竞争中立足。而且这种努力不是一时的，而必须是持续不断、永无止境的。正如日本京瓷公司创始人曾说："所谓已经不行了，已经无能为力了，只不过是过程中的事。竭尽全力直到极限就一定能成功。"

生活中的人们，可能你有一份稳定的工作，可能你有父母长辈为你创造的安稳生活，可能你还有某些特长，在自己的领域内已经小有成就，可能你会有个灿烂的未来……但你不能就此停滞不前，激烈的竞争要求你不断进步，而求知与不满足是进步的第一必需品。生命有限，维系成功的唯一法门在于不断努力，在新的方向不断探寻、适应以及成长，这样，你将步入新的高度。

那么现在，你是否有新的感悟，是否内心汹涌澎湃，但却找不到努力的方向？此时，你需要一名导师来帮你重新规划自己的人生。本书就是一本给人力量、促人奋斗的心灵励志读物，犹如一位智者将真知娓娓道来，帮助你在灯红酒绿的社会中找到自己的位置、唤醒自己的梦想，更是你在为梦想奋斗过程中的精神导师，帮助你排忧解惑，找到人生努力的方向和动力。读完本书，你会获得力量，会找到奋斗的方向，最终驾驭自己的人生，实现自己的人生价值！

编著者

2021年8月

目 录

第一章

平凡人生，只有拼尽全力才能让梦想不被辜负

梦想，让你实现卓越

我们都知道，源头决定自然界里喷泉的高度；一个人有什么样的信念，决定其有什么样的成就。因此，如果我们想让行动领先一步，梦想就必须超前一些。伟大而卓越的人，之所以能够永无止境地创造和超越，就在于他们拒绝接受平庸，他们追求卓越，所以他们功成名就。正如日本京都陶瓷株式会社社长稻盛和夫所言："人生是思维所结的果实，这种想法已经构成许多成功哲学的支柱。根据我自身的人生经验，我也坚定一个信念，那就是'内心不渴望的东西，它不可能靠近自己'。亦即，你能够实现的愿望，只能是你自己内心十分渴望的，如果内心对其没有渴望，即使能够实现的愿望也实现不了。"的确，我们的人生是怎样的，取决于内心有多大的愿望和渴望，有梦想的人，可以化渺小为伟大，化平庸为神奇。

现代社会的追梦人，如果你想活出一个不平凡的人生，如果你想成为一个成功的人，那么，从现在起，就为自己树立一个足以为之奋斗的理想吧。一个连想都不敢想的人，又怎么会成功呢？

美国钢铁大王卡内基，少年时代从英格兰移民到美国，当时真是穷透了，正是"我一定要成为大富豪"这样的信念，使得他于19世纪末在钢铁行业大显身手，而后涉足铁路、石油行业，成为商界巨富。

理想影响行动，行动影响结果，这是一连串的因果效应。想成功，自然也要有超前的理想和信念。而年轻就是力量，就是希望，那么，你还在担心什么呢？无论做什么，即使失败了，还有机会重新开始。

推销大师吉拉德的成功，也是源于他相信自己能成功的信念。

小时候吉拉德的父亲总是给他灌输一种消极的思想——"你永远不会有出息，你只能是个失败者"，这些思想令他害怕。而吉拉德的母亲却相反，她给他灌输的是一种积极的思想："对自己有信心，你绝对会成功的，只要你想成为什么，你就能做到。"从父母那里，吉拉德时时受到两种相反的力量的影响，这两种力量一方面令他害怕，另一方面也让他产生信心。而最终，母亲传输给他的这种思想胜利了，这就是他能实现自己梦想的原因。

生活中，很多追梦人也充满理想，但把自己的理想和现实联系起来时，他们就退却了，就认为不可能，而这种"不可能"一旦驻扎在心头，就无时无刻不在侵蚀着他们的意志和理想，许多本来能被他们把握的机遇也便在这"不可能"中悄然逝去。其实，这些"不可能"大多是人们的一种想象，只要你能拿出勇气主动出击，那些"不可能"就会变成"可能"。试想一下，稻盛和夫先生在创业之初许下的重誓，当时仅有8人。而四十多年后，稻盛和夫就成为了迄今世界上唯一一位一生缔造两个世界五百强企业的人，这不正证明了"没有什么不可能"的道理吗？

为此，追梦人，从现在起，你需树立一个正确的理念，并调动你所有的潜能加以运用，努力提升自己的能力，让你的信心和理想带你脱离平庸的人群，为未来步入精英的行列打好基础！

无论放弃什么，也不要放弃梦想

对于每个人而言，梦想都是人生的引航灯，能够帮助我们指引人生的方向，也教会我们如何更好地努力，获得成功。但是偏偏生活中的大多数人都没有梦想，他们的梦想只停留在三年级写作文时的阶段，梦想永远是心中遥不可及的梦，他们的梦想真的成了梦中的设想和假想，始终没有实现的可能。归根结底，到底是梦想远离了他们，还是他们抛弃了梦想？只有弄清楚这一点，我们才能把人生与梦想更好地结合起来，让二者相辅相成，也让我们的人生扬帆起航。

当然，生活中不乏有些人始终牢记着自己的梦想，并且为了梦想不遗余力地打拼，然而他们的付出始终没有得到回报，即便他们累了倦了，也依然没有看到梦想的曙光。在这种迷惘的情况下，到底是继续坚持梦想，还是审时度势地放弃梦想？面对人生的十字路口，到底是往左还是往右？这的确是让人纠结的选择，也是让很多人都感到为难的局面。实际上，我们在一生之中总是不停地舍弃，因为放弃与得到并非那么绝对，我们的人生也在得失之间不停地交错。答案是，无论放弃什么，也不要放弃梦想，因为取舍之间的人生唯独梦想不可辜负。

对于任何一个人而言，即使拥有再多，如果没有梦想，人生也是苍白的。相反，即使人生遭遇贫穷和困境，哪怕一贫如洗，只要拥有梦想，也是富足的。梦想是希望，是期盼，是人生的未来所在。假如没有梦想，我们的人生也会失去方向，甚至变得如同茫茫大海上的一叶扁舟，根本找不到正确的方向。当然，我们也不能让梦想永远停留在梦和想的阶段，而是要勇敢地迈出脚步，把梦想变成切实的行动。人生苦短，没有梦想的人生是苍白无力的，不曾实现梦想的人生是充满遗憾的。为了梦想，我们不但要不遗余力，更要全力以赴。

多年来，马大爷一直都在为了家庭而忙碌奔波，和妻子一起抚养大了三个孩子，供他们上完大学，又操持他们结婚生子，直到现在，马大爷退休之后才真正迎来了属于自己的生活。然而，刚摆脱工作的羁绊，马大爷还有些不适应呢，毕竟他已经工作了四十多年，一下子闲下来觉得内心很空虚。在度过几个无聊的日日夜夜之后，马大爷突发奇想，决定要去学习绘画。对此，不管是老伴还是子女都反对他的决定，毕竟他已经六十多岁了，没有必要再付出那么多精力，劳神费力。然而，马大爷却振振有词："我小时候家里穷，没有钱供我学画画，后来成家立业又要照顾家庭，没钱也没时间学画画。你们却不知道，画画是我毕生的梦想，如今有钱有时间了，我希望你们都能支持我。"听到马大爷的话，孩子们都很感动也很愧疚，因此全都改变态度，支持马大爷学画画。大女儿还特意为马大爷报名参加了一个绘画学习班，二女儿专门给马大爷购置了全套绘画工具，小儿子则给马大爷买了辆电动自行车，方便他去上课的时候骑行。

出乎所有人的预料，马大爷非但没有因为学习绘画的辛苦感到劳累，反而每天都兴致盎然地上课、下课，整个人都变得年轻了很多，精神抖擞。看着马大爷的变化，全家人都非常高兴。

马大爷之所以再次恢复青春活力，就是因为他做的是自己喜欢做的事情，而且他对这件事情充满热爱。这就是梦想的力量，它能使人们在年老之后重新恢复活力，也能帮助人们排遣寂寞和忧愁，变得快乐起来。对于任何年龄段的人而言，梦想都是人生之中不可或缺的支柱。在梦想的力量下，我们的人生必然更加精彩纷呈。

现代社会，人们的生活水平越来越高，也很少因为物质和金钱的局限导致无法做自己喜欢的事情。生活在现代，我们每个人都应该珍惜自己的梦想，千万不要把梦想遗留在小学阶段的作文之中。只有心中时刻牢记梦想，抓住一切机会实现梦想，我们的人生才能更加充实，并充满动力。与此同时，我们也应该努力挖掘自身的潜力，要相信，只要我们付出百分之百的努力和坚持，就一定能够实现梦想！

先确定梦想，才能确定未来的人生路

似乎早晨踩着8点59分来上班的急迫感还没有消退，时间就悄然流逝，开完晨会到了10点，而简单处理一个文件，就已经过了11点。猛然一抬头，我们不由得感慨：怎么又到了吃午饭的时间！似乎一旦过了11点，心就不那么安静了，始终在想着要吃午饭，要度过一个悠闲的中午，如果能够在午饭后吃点儿水果，或者来一杯浓醇的咖啡那就更好。等到午间1点半到2点再开始认真去工作，接下来就要等到1点半的到来。大多数公司都是5点半下班，这是一个让人愉悦的时刻。日子就这样日复一日地度过，我们从未离梦想更近一步，反而越来越远了。在这样的过程中，我们的内心平静似水，终于有一天想起梦想的时候，又惶恐不安：我们到底怎么了？生活到底怎么了？为何一切都如同一潭死水一般，波澜不惊呢？

有时见到别人的成功，我们也会忍不住羡慕：为何别人都能获得梦寐以求的成功，都能活出独属于自己的精彩呢？我们羡慕别人，也带着嫉妒和恨；却不知道，羡慕嫉妒恨不是连体婴儿，也是可以分开来独立地用来形容心情的。既然如此，我们就只要羡慕，而不要嫉妒和恨，更要清醒认识到别人在真正获得成功之前，也曾经付出了很多不为我们所知的努力和坚持。别人之所以能成为人人羡慕和嫉妒的对象，获得无数人理想的人生状态，是因为他们很早就有梦想了。

无数追梦人都知道梦想的重要性，然而，当真正说起梦想时，他们又总是瞠目结舌，这才发现自己一直误以为自己是有梦想的，而实际上早已经在与梦想渐行渐远的过程中迷失了自己。甚至有些人压根儿就没有梦想，他们所谓的梦想只是随口说说而已，他们所谓的人生理想，只是镜中花、水中月。这样苍白的梦想，如何能够支撑起我们的人生呢？所以，从此刻开始，没有梦想的人要赶快确立梦想，有了梦想的要赶快强大梦想。只有先拥有了梦想，我们才能知道未来的人生将会是怎样的。

一个人，为何会与自己理想的生活渐行渐远？归根结底不是理想太远大，而是因为他从未认真想过自己的梦想、理想到底是什么，因为他在面对人生的状态时常常会感到迷惘和困惑。曾几何时，我们都是热血青年，心中都闪耀着梦想的光泽，都渴望着用梦想成就人生，照亮人生。然而，渐渐地，那个一提起梦想就感到面红耳赤、心跳加速的少年长大了。面对残酷的现实和不那么如意的人生，他只能一声叹息，再也不愿意随随便便就把梦想挂在嘴边、记在心间。所以说，不是梦想抛弃了我们，而是我们抛弃了梦想。为此，不要再抱怨梦想远大，实现起来遥遥无期，如果我们不曾真正向着梦想迈出第一步，我们还有什么资格谈梦想呢？

每个人的梦想，都带着鲜明的时代烙印。热映的电影《芳华》中，刘峰的梦想，何小萍的梦想，都是那么真实生动且鲜活。时光流转，物是人非，电影中的人物，他们曾经的梦想被蒙上灰尘，沉淀在心里，而被时代裹挟着不断朝前走的他们，来到了崭新时代。在电影末尾，何小萍和刘峰相遇，相比起那些紧跟时代潮流的战友，他们身上曾经青春年少的气质更加浓烈，扑面而来。这样的梦想，是经得起时间考验的，他们都活成了自己想要的样子。以这样的方式去实现梦想，如果不是内心笃定，又有几个人能够做到呢？

在如今这个时代里，人们都活得没有那么纯粹和笃定了。社会发展的速度很快，堪称日新月异，瞬息万变，为此人的心也变得越来越浮躁。大多数人没有梦想，只想追求成功，因为只有成功才能吸引万众瞩目，也只有成功才能让人生绽放出别样的光彩。然而，浑浑噩噩地活着，盲目地为了功名利禄奔波，真的好吗？没有梦想的人生，就像是浮萍，尽管从未离开过水面，却没有根深深扎在泥土里。如果我们对生活无意，就不要抱怨生活从来不如意，只有意志坚定，生活才能如我们所愿地绽放美丽。

哪怕被嘲笑，也要坚持梦想

很多人误以为是现实支撑着梦想，为此在面对残酷的现实时，他们总是一次次放弃梦想，因为他们觉得自己很贫穷，根本没有足够的经济实力作为梦想的支撑。而等到有朝一日，他们无数次错过梦想，生命也因此变得苍白，又亲眼见证了别人坚持梦想获得成功的伟大时刻，他们才意识到原来是梦想支撑着现实——那些成功人士之所以拥有了不起的人生，是因为他们始终都有梦想，始终都坚持梦想，绝不放弃。

张曼玉从小就喜欢唱歌，不管有事没事都喜欢哼着歌，但是，她的音质很特别，不是大家都喜欢的主流声音。每当和朋友们一起去唱歌的时候，朋友们从来不会为她点赞，甚至连一点点的鼓励都吝啬给她，还说她的声音冷冰冰的，缺乏温暖。渐渐地，张曼玉越来越不敢唱歌，在她看来，歌声既然都不能得到朋友的喜爱或者是捧场，又怎么可能被陌生人接受呢？后来，张曼玉阴差阳错进入演艺圈，也常常被人批评长得不够漂亮，但是她幸运地出演了《甜蜜蜜》，和黎明一起红得一塌糊涂。就这样，张曼玉成为大明星，但她仍没有完成唱歌的梦想。

直到有一天，张曼玉找到摩登天空的老板，把自己平日里写下的、唱出来的旋律录制成作品播放给老板听，终于打动老板和她签约。这个时候已经大红大紫的张曼玉，为了唱好一首歌，经常到北京排练，从来不搞特殊，从来是乐队练习多久，她就练习多久，就这样度过了几个月的时间。张曼玉是处女座的，追求完美，内心执着。然而，即便如此，张曼玉的歌声还是被喜欢她的影迷喝了倒彩。张曼玉没有畏惧歌迷们的批判，继续登台演唱。张曼玉就以这样的方式实现了自己的梦想，不在乎别人是否喜欢她的歌，只想有机会做自己想做的事情。这何尝不是一种成功呢？

张曼玉坚持梦想的勇气让人钦佩。虽然她最终也没有在歌坛上大红大紫，但是她总算是朝着梦想一步一步迈进，越来越接近梦想。如今的时代里，很多人不敢有梦想，总觉得梦想就是无法实现的代名词。然而，马云的经历告诉我们，梦想总还是要有的，万一实现了呢！的确，梦想既然有失败的机会，也就有成功的可能性，而且概率是各占50%，成功和失败谁也没有多一点机会，谁也没有少一点机会。我们既然畏惧50%的可能失败，就理所当然应该受到50%成功机会的激励。如此想来，也就没有什么可怕的了。

马云当年创办翻译社，创办中国黄页，创办阿里巴巴，梦想一个比一个远大，一个比一个更加地不接地气。如果说最初创办翻译社还能得到一些支持，在创办中国黄页的时候也没有让所有人都觉得完全不可能，那么在创办阿里巴巴的时候，当时的互联网产业虽然在世界尚处于尖端，但是在中国鲜少有人了解，马云是付出了巨大的勇气和毅力，才能够把事情真正做成的。正因为如此，马云也告诉我们，被嘲笑的梦想才有资格被称为梦想。所以朋友们，当你的梦想不被人了解和支持时，不要悲观，不要沮丧，只要你已经深思熟虑，也知道自己的梦想是一定可以实现的，你就可以坚定不移地去做。和什么都不做、有了梦想就马上将其转化为空想的人相比，你即使失败了，也能收获经验，获得成长，这才是最重要的。

　　毋庸置疑，实现梦想的道路从来不好走，但是马云也告诉我们，梦想的道路一旦选定，即使跪着也要走完。古代战场上，五十步笑百步是行不通的，在现代社会中，在朝着梦想奋进的道路上，我们也要避免犯这样的错误。很多时候，梦想就在转角处，当我们已经非常努力却还没有看到梦想的影子时，只要我们坚持再朝着梦想走一步，或许就可以真正地实现梦想，完成梦想。换一个角度来看，实现梦想也并非我们所想象的那么艰难。只要我们总是朝着梦想前进，能够勇敢地迈出通往梦想的第一步，事情的发展也许就会让我们惊喜，也超出我们的预期。人生，从来不是漫无目的的，梦想就是人生的指明灯，常常指引着我们前进的方向。所以不要害怕梦想被嘲笑，也许有一天恰恰是这被嘲笑的梦想成就了你的人生！

采取积极主动的态度，向梦想进发

对于人生，每个人都有自己的理想和规划，遗憾的是，真正能够实现人生理想的人却少之又少。究其原因，并非因为我们的理想不切实际，也不是因为我们的各方面条件不够成熟，而只是因为我们在实现梦想的过程中缺乏毅力，因而导致我们的人生缺乏奋勇向前的动力，我们的人生也渐渐变成了一个残缺的圆圈，无法迅速奔跑向前。

很多朋友都知道，人生如同白驹过隙，转瞬即逝，是非常短暂的。在有限的人生中，我们要想做出一定的成就，获得人生的收获，就必须调整好自己的心态，绝不拖延，有了想法马上考虑实现它，当即付诸行动。唯有如此，我们才能让自己的人生来一场说走就走的旅行，从而做到积极主动，永远为时不晚。

记得曾经有人说过，人必须自己成全自己。的确，我们是自己人生的主人，我们也是自己命运唯一的主宰者。在人生之中，我们不能一味地被动等待，而是要采取积极主动的态度迎接和拥抱人生，设想和计划人生，从而积极地把人生的一切规划都落实到实处，这样我们的人生才能变得更加充实、可靠。

很久以前，有个男孩出生在偏僻的农村。长到几岁之后，他就和父亲一起去田地里干活。他亲眼看到父亲是如何日出而作、日落而息的，也知道父亲多么辛劳。有一次，父亲干活的间隙坐在地头休息。这时，他发现小男孩正在盯着远处重峦叠嶂的群山看呢。父亲问："孩子，你在想什么？"男孩不假思索地回答："爸爸，你这样耕种太辛苦了。我在想，假如有一天我不需要在田地里干活，也不用辛苦地上班，只要坐在家里，就会有人寄钱给我，那可就太好了！"原来，男孩前几天看到老师投稿后收到稿费，因而就有了这样的梦想。对于男孩的话，父亲不置可否。男孩还告诉父亲，在遥远的埃及，有个金字塔，他发誓要去亲眼看看金字塔。父亲连听都没有听说过金字塔，自然不相信男孩的话。但是，若干年后，这个男孩长大了，他真的去了埃及，站在金字塔下仰望着金字塔。而且，他如同自己梦想的那样，坐在家里，就有人给他寄钱，这是因为他的文章文采斐然，总是能够得以出版。当他站在金字塔下时，他还给远在家乡的父亲打电话："爸爸，我终于如愿以偿地实现了我的梦想！"

这个小男孩，就是台湾大名鼎鼎的畅销书作家——林清玄。

对于林清玄年少时期的梦想，父亲显然不以为然，因为父亲一辈子都生活在黄土地上，他根本不敢想象人生可以改变一种方式度过。然而对于年少的林清玄而言，一切都有可能，而且未来正在向他招手呢！就因为始终牢记自己的梦想，始终向着梦想努力奋进，所以林清玄才能连续十年成为台湾畅销书作家，也才能得到无数读者朋友的喜爱和赞赏。

每个人都有梦想，在追梦的过程中，我们不但成全了自己，也磨炼了自己的心志，从而成功战胜了自己。无论什么时候，哪怕人生正在经风历雨，我们也要保持平和的心态，才能更加理智清楚地认知自己，成就自己圆满的人生。

当然，追求梦想的过程并非一帆风顺的。当我们的梦想遭到他人的嘲笑，我们实现梦想的努力被他人质疑时，我们最重要的就是坚持自我，不要轻易被他人的评价和判断所左右。要知道，我们才是自己命运的主人，我们才能走出属于自己的人生道路，这是任何人都无法替代的。朋友们，让我们为自己圆梦，让我们的人生更加圆满吧！

不要尽力而为，要全力以赴

人人都追求成功，人人也都想让自己的人生变得璀璨辉煌，然而对于成功，大多数人的理解都是错误的，他们总觉得只要自己尽力而为，就能得到成功的青睐，殊不知成功绝非易事。一个人要想成功，最重要的是全力以赴。当一个人尽力而为之后，却又没有得到想要的结果时，可能会不停抱怨，然而却只有少数的人真正想过自己为何不能获得成功，或者为何在已经付出很多之后却与成功失之交臂。归根结底，只是因为我们尽力的程度还不够，就像有人曾经说的，如果你的努力没有得到回报，那么只能意味着你的努力还不够，你还要继续努力。所以说，尽力而为往往会让我们为自己找到借口，从而不愿意继续努力付出，甚至扼杀进取心，使得人生在前行的道路上遭遇无形的障碍。如果你不想再次错过成功，那么你一定要全力以赴、竭尽自己所有的力量奔向人生目标，这样一来，人生才能变得与众不同。

　　每个人都有无穷的潜力，曾经有科学家经过验证，证实人的潜力就像宝藏一样，只有少部分得到了，其余的大部分宝藏则被深藏起来。全力以赴的人，则用了所有的宝藏，毫无保留地把自己一切的能量都发挥出去。所以，全力以赴的人力量更强大，也因为做事的决绝，他们拥有破釜沉舟的决心和勇气。从另外一个角度来说，如果一个人愿意付出自己所有的力量去努力，那么他一定能够实现人生的愿景，也能够获得成功的人生。

　　在西雅图，一个牧师对孩子们说："人人都有巨大的潜能，只要能把潜能挖掘出来，就能够创造生命的奇迹。"为了让孩子们感受潜能的力量，牧师还承诺只要有人能够背下《圣经》中三章的内容，那么他将会请这个孩子去太空针高塔餐厅就餐。要知道，太空针高塔餐厅可是整个西雅图最高档的餐厅，去那里用餐的人往往有很高的身份地位和雄厚的经济财力，也是荣誉的象征。为此孩子们全都跃跃欲试，但是当看到三章《圣经》足足有几十页的时候，几乎所有的孩子都打起了退堂鼓，只有一个孩子坚信自己能够做到。

几天之后，这个孩子当着所有孩子和牧师的面，把三章《圣经》一字也不差地背出来。牧师无比震惊，因为他只是用这个看似不可能完成的任务来检测孩子们到底能不能激发出潜能而已，但是他从未想过真的有孩子能够做到这一点。牧师问孩子为何能够背下这么厚厚的一沓《圣经》，男孩直截了当地回答："因为我拼尽全力了。"多年以后，这个男孩儿成为了举世闻名的大富豪，他就是比尔·盖茨。

对于孩子而言，想要背下三章《圣经》显然是很难的。因为他们总是缺乏自制力，面对困难的时候情不自禁地想要退缩。比尔·盖茨之所以能真正背下三章《圣经》，则是逼迫自己发挥了所有的能力。现代社会竞争尤其激烈，如果一个人只满足于尽力而为，而从来不想全力以赴发掘自身的潜力，把一切做得更好，那么他就注定要默默无闻。最关键的在于，我们的内心一定要意志坚定，相信自己一定能够创造奇迹，才能走向成功。

第二章

快速行动，梦想不是语言而是行动

行动，是实现梦想的唯一方法

在现实生活中，我们不难发现一个现象，很多成功人士并不是高学历者，那些高学历者也并不一定能成功。这是为什么呢？其实，这与他们对待梦想的态度和行为不无关系。低学历者更注重实践，为了目标，他们制订好计划，然后一步一个脚印地努力。而一些高学历者则太过注重理论知识，这种现象在开放的社会已经较为普遍，我们并不是说这是一种必然，但从另一个侧面可以看到，光想不做是不会有好结果的。

曾经有哲人说过，"梦想指引我们飞升"。我们都知道梦想的伟大力量，但把梦想变为现实只有一个方法，那就是行动。

活在当下的人们，如果你希望自己成为一名成功者，那么从现在开始，你就得放下空想，给自己规划一个详细的人生目标，并按照自己现有的条件去为之奋斗。只要你这么想了，也这么做了，那么你的人生最终就是成功的。否则，你永远只能"做梦"，而无法实现"梦想"。

要知道，任何人都不会随随便便成功，要成功，就要突破，就不能安于现状。做到突破，就要从现在开始，一步一个脚印，逐步提高自己，抓紧时间，奋斗进取，你就能拼搏出属于自己的一片天地。同时，当你跨过人生的沟坎之后，你会发现，原来一切困难不过是前进路上的小石子，轻轻一踢，它们就滚开了。

的确，"空谈误国，实干兴邦"。大到国家，小到个人，万事万物都得由小到大。或许你现在做着看似不着边、没有前景的工作，但我们要坚信，事物发展的道路是迂回曲折的。巴纳德说过："机会只偏爱那些有准备的人。"成功的秘诀在于开始着手。现在就采取行动，决不拖延，行动高于一切！把握现在的瞬间，从现在开始做，心动不如行动。

"一切用行动说话。"这是我们每个人应该记住的，仅仅只有理想是不够的，理想必须付诸行动，如果没有行动，那理想永远只是空想，只是空中楼阁、海市蜃楼，那么遥不可及。

生活中的人们，也许现在的你有很多梦想，你可能希望自己能成为著名企业家、人民教师、歌唱家等，但无论如何，你要知道，理想不同于妄想和幻想，目标要切实可行，行动要脚踏实地。这样，你离你的梦想就不远了。

因此，不管你的梦想多么高远，先做触手可及的小事。梦想是一个大目标，你需要做的是完成每天的小目标，这样，你朝大目标就进了一步。每进一步，你就会增加一份快乐、热忱与自信，你就会消除一份恐惧，你就会更踏实，就会从积极地思考进展变为积极地领悟行为。那么，就没有一件事情可以阻挡得了你。

脚踏实地，梦想才有实现的可能

每个人都有属于自己的梦想，即使年幼的孩子，在被他人问起梦想时，也会在脸上洋溢起自豪的微笑，诉说自己稚嫩的梦想。对于任何人而言，人生最大的成就无非就是把梦想变成现实，然而，也不乏有些人把梦想与幻想、空想混为一谈，他们大胆地张开想象的翅膀，努力去想，却始终让梦想停留在空想阶段，从来没有真正想要把梦想变成现实。一味地耽于梦想会有怎样的后果呢？我们非但没有把梦想变成现实，反而失去了现实中原本拥有的某些东西，因为长久的幻想消磨了我们的斗志，使我们失去了人生的方向。在这种情况下，梦想只能起到负面消极的作用，尤其是当人生不如意时，一味地沉迷于梦想更像是鸵鸟把头埋在土里躲避危险，完全是自欺欺人。

曾经有位名人说，每个人都应该仰头看看天，这样才能让自己的目光更加长远，待人处事时才不会因为鼠目寸光而错失良机。我们要说，做人除了需要偶尔仰首看看天空，更要时不时地低头看看脚下。任何梦想不但要面对虚空的天空，更要面对脚踏实地的大地。我国台湾著名女作家三毛曾说过，勇敢者从不畏惧生命的重负，而是始终脚踏实地地朝前走去。诚然，做人要脚踏实地，把每一步都踩在坚实的土地上，因而梦想也要切合实际，如此才能够变成现实。

现代社会，脚踏实地的人越来越少，空虚浮躁的人越来越多。他们以为梦想就是虚空，在说起梦想时口若悬河，滔滔不绝，但是当真正要把梦想变成现实时，他们却目瞪口呆，无计可施。不得不说，梦想与现实的严重脱节是人生的悲哀，而我们理应成为命运的主宰，成为人生的强者，这样才能掌控自己的命运，在为了命运奔波时，始终不忘初心，朝着既定的目标奔驰而去。

一直以来，虽然他只是一名普普通通的侍者，但是他始终梦想着终有一日拥有自己的大酒店。为此，他对待每一位客人都非常真诚，也尽心竭力，他不愿意错过任何一个为客户服务的机会。一个冬末春初的夜晚，天气乍暖还寒，他守在酒店大厅里值班，街道上人影稀少。突然，一对年老的夫妻走进来。然而，此时此刻已经没有房间了，想到这对夫妻也许还要在寒冷的夜里四处奔波投宿，他就把他们带到一间房子里，说："它或许并不完美，但是至少能给你们一晚的温暖。"年老的夫妻看到房间干净清爽，因而高兴地住下了。

次日清晨，年老的夫妻来到前台结账时，侍者却说："不用结账，因为我只不过是把自己的屋子借给你们住了一晚。祝愿你们拥有愉快的旅程！"原来他为了让老夫妻安然度过一整夜，自己在前台值了一个通宵的夜班。老夫妻感动极了，丈夫激动地说："孩子，你是我见过的最优秀的侍者，相信我，你一定会得到报答的。"侍者笑而不语，把老夫妻送出门外。没想到有一天，他接到了一封信，信里有一张赴纽约的单程机票。原来，那天他接待的老夫妻是一对富豪，他们回到纽约之后为侍者买下了一幢大楼，并且将其装修成金碧辉煌的大酒店，交给他来经营打理。从此之后，这个世界上就有了希尔顿，它的第一任经理的故事也一直流传下来。

对于很多侍者而言，也许都梦想着有朝一日能够拥有自己的酒店，但是他们在工作中往往好高骛远，从来不愿意用心对待每一位客人。事例中的侍者却不同，他虽然眼下还在酒店里做一名普通的侍者，但是他真正把酒店当成自己的事业在经营。正是在这样的情况下，他用心对待年迈的旅客，最终博得他人的认可和赞赏，也使得自己的人生有了转机，迎来了奇遇。倘若那天接待这对老夫妻的是另一个侍者，偏偏他心浮气躁，厌烦地将老夫妻打发走，自己回到房间里呼呼大睡，那么这个世界上无疑会少一个大名鼎鼎、服务一流的酒店，也就没有了希尔顿的传奇故事。

不管是做人还是做事，我们都要脚踏实地。任何时候都不要梦想着成功能够一蹴而就，哪怕今时今日的你还处于社会底层苦苦挣扎，也并不妨碍你把手里的事情当成毕生的事业去完成、去成就。唯有怀着一颗踏踏实实的心，我们才能走好人生的每一步，让自己在稳扎稳打中获得成功的青睐。

放手去做，梦想有时候只是一个痛快的决定

在生活中，相信每个人都有自己的梦想或目标，也就是一个指引人们行动的方向，然而，最终能达到自己目标的人却是少数，大部分人还是庸庸碌碌地过完一生。究其原因，很大一部分人缺乏立即执行的精神。他们在行动前就开始产生焦虑：万一失败了怎么办？抱着这样的想法做事永远都不会有什么成功，只会与目标渐行渐远。所有的成功者都必定有着果断的执行力。可能一直以来，你认为自己是个勇敢的人，但到了真正可以表现自己勇气的时候，却左右迟疑、不敢付诸实践。其实，这不是真的勇敢，因为勇敢不是停留在言语上的，而是要放手去做的。

在我们现实工作中，一些人就是因为想得太多而迟迟不敢着手做手头上的事。他们宁愿承认自己没有做到足够的努力，也不愿意承认自己能力不足，他们为自己寻找各种借口，到最后，他们就能名正言顺地不必承担失败的责任。

所以，生活中的人们，如果你希望在未来过上幸福的生活，如果想要实现你的梦想，那么从现在开始，你就要早做打算，就要努力。并且，再也不要被那些消极的思维左右自己，不要认为自己年纪大，不要认为自己愚笨，而要成为一个积极向上的人，培养自己的热忱，找到自己的目标，你就能为现在的自己做一个准确的定位，就能实现自己的人生目标。

索菲娅是哈佛大学艺术团的一位歌剧演员。

在一次演讲中，索菲娅当着全校师生的面提及自己的梦想——毕业以后先去欧洲进行为期一年的旅游，然后，她要去纽约的百老汇闯出一片天地。

就在这天下午，索菲娅的心理学老师找来问她："我听说你想去百老汇，那么，你今天去百老汇跟毕业后去有什么差别？"

"是呀，大学并不一定能为自己争取到去百老汇的机会。"索菲娅觉得老师的话很有道理，于是，她决定一年以后就去百老汇闯荡。

"你现在去跟一年以后去有什么不同？"

索菲娅一想，的确如此，于是，她告诉老师自己决定下学期就出发。

老师又问："你下学期去跟今天去，有什么不一样？"

是啊，老师说得对。接下来，索菲娅有些晕眩了，她仿佛现在已经置身于百老汇那金碧辉煌的舞台上了……她说："我决定下个月就去。"

老师乘胜追击问道："那一个月以后去和今天去又有什么不同呢？"

索菲娅的心情很激动，她说："好，我准备一下，一个星期以后就出发。"

老师步步紧逼："百老汇什么买不到？那些生活用品更是到处都是，那你要一个星期的时间准备什么呢？"

索菲娅激动地说道："好，我明天就去。"老师赞许地点点头，说："我已经帮你预订好明天的机票了。"

第二天，索菲娅就坐飞机来到了全世界艺术的最高殿堂——美国百老汇。

这天，百老汇一位著名的制片人真在筹备一部经典剧目，前来面试的人很多，但这位制片人只需要十位候选人。索菲娅接下来两天做的事情是找到剧本，然后她把自己关在出租屋里自编自演。

面试的时候索菲娅自信满满地对制片人说："我可以给您表演一段原来在学校排演的剧目吗？就一分钟。"制片人首肯了，他不愿让这个热爱艺术的青年失望。

索菲娅表演的正是制片人要排演的剧目，制片人惊呆了，因为眼前这位姑娘的表演实在太棒了。他马上通知工作人员结束面试，主角非索菲娅莫属。就这样，索菲娅来到纽约没几天就顺利地进入了百老汇，开始了她灿烂的艺术人生。

索菲娅的故事对你是否有所启示？的确，成功的人与那些蹉跎人生的人的最大区别，就是行动！如果你能追溯那些成功人士的奋斗之路，你就会感叹："难怪他会做得这么好！"怎么样的行动才能获得最大的成功呢？是马上行动！生活中的人们，不要再感叹时光荏苒了，从现在起，立即行动吧，下一刻也许就是成功！

要做到"现在就做"，你需要执行激发行动的六大步骤：

1.我要得到什么样的结果

思考想要的结果。例如，下学期要达到的学习目标、背诵多少单词等。

2.达不到目标有什么样的痛苦

想象一下，没有达成这个目标可能出现的痛苦场景。例如，个人价值不被认可。

3.不行动有什么坏处

再思考，如果不行动会导致什么不良后果。例如，学习成绩不佳、目标完不成、不被认可、无快乐可言等。

4.如果立即行动，有什么好处

那么，如果立即行动，又会带来什么好处。例如，有机会当上班干部、个人价值将得到认可、考上好的大学等。

5.制定期限，马上行动

行动前，定下目标达成时限。例如，在两个月内，再提高十个学习名次。

6.将行动计划告诉你的父母、朋友和老师

看你的行动计划是否合理可行，先行检验一下。例如，告诉老师自己的目标，寻求他的辅导和支持，制订计划等。

任何人，只有树立了目标，内心的力量和头脑的智慧才会找到方向。目标是对于所期望成就的事业的真正决心。要实现目标，我们必须现在就做，绝不能耽误一秒。

行动至上，不做空想家

有位伟人说过："世界上只有两种人：空想家和行动者。空想家们善于谈论、想象、渴望，甚至于设想去做大事情；而行动者则是去做。你现在就是一位空想家，似乎不管你怎样努力，都无法让自己去完成那些你知道应该完成或是可以完成的事情。不过，不要紧，你还是可以把自己变成行动者的。"行动者比空想家做得成功，是因为行动者一贯采取持久的、有目的的行动，而空想家很少去着手行动，或是刚开始行动便很快懈怠了。行动者具备有目的地改变生活的能力，他们能够完成非凡的事业，与此形成鲜明对比的是，空想家只会站到一边，仅仅是梦想过这些而已。

历史上的每一个伟人，都是拥有超前的思想和超凡的行动力，并通过发挥自己的优势而赢得荣誉的。但凡每个社会上成功的人士，无不是思想与行动的统一，并通过自身的努力才获取胜利的。

那么，生活中的人们，你是甘愿做一个事业有成的成功人士，还是只愿做个一点人生意义都没有的普通人呢？如果你选择前者，那么，从现在开始，你就得给自己规划一个详细的人生目标，并按照现有的自身条件去为之奋斗。只要你这么想了，也这么做了，那么你的人生最终就是成功的。

只有做"行动巨人"才是21世纪的大写者，才具有真正的王者风范。相反，"行动的矮子"只会被岁月的潮流淘汰。

当然，"行动"并不是一个抽象空洞的词语。它需要你用坚定的信念、顽强拼搏的精神与必胜的信心来实现。对此，我们需要做到：

1.敢想敢做——有计划，有目标

一个天生胆大的人，也是一个敢想敢做的人。虽然有时看似在冒险，也有危险，其实最大的危险不是冒险，而是一生只求平安无所作为。当然，你还要做到突破思维、不断挑战自我。只要你足够勇敢，又拥有智慧，就没有什么事情是做不到的。

2.突破自我——创造奇迹

一个人只有敢于打破现有的固定模式，才可能创造出奇迹。而奇迹不是每天都会发生的。想要奇迹发生，还要看你的行为标志和思维状况。那么，你是甘于平庸，还是让生命充满色彩呢？

当你每天早晨打开窗户的时候，就会感受到一股新鲜的空气。于是，你感觉自己的身心是那么轻松。接下来要做的事情就是，投入每天的工作当中，好像这个世界上的事情永远做不完似的。另外，你可以每天让自己多出一点新奇的想法，给生活增添一点新奇的意味。如果你这样去做了，那么，你就等于在努力突破自我，虽然现在还没有奇迹发生，但至少和原来的你是不同的了。

3.超越环境之上——做一个胜利者

环境是特定的，人是灵活的。因此，人不能被特定的环境所压制，而是要努力去冲破环境。即作为人是不能被环境所屈服的，因为我们是勇敢的。我们要超越环境之上，做一个永远的胜利者。当一个人最想做自己的时候，那就等于想解放自我，而不再做环境的奴隶。即使这样做需要付出很大的代价也不怕。

"一切用行动说话"，这大概是对我们理想的最好诠释。努力学习、工作，打好基础，社会才会接纳你，我们的目标也才有实现的可能。

与其羡慕那些成功者，不如放手一搏

生活中，我们总是羡慕那些成功者，觉得他们看起来光环加身，命运似乎总是特别偏爱他们，他们轻而易举就能得到自己梦想的一切。然而，实际上这些成功者不但不比普通人顺遂，甚至遭遇了比普通人更多的折磨和磨难，他们之所以最终能够获得成功，是因为他们从困境中挣脱出来，超越了自我，所以才能拥有与众不同的人生。

现代人总是把羡慕妒忌与恨联系在一起，由此可见，羡慕的情绪并不纯粹是对他人的艳羡，而有可能夹杂着妒忌与恨的情绪。从心理学的角度而言，羡慕不是一种积极的情绪，反而有可能引起负面的影响，所以只通过羡慕我们并不能得到自己想要的一切，与其花费宝贵的时间去羡慕他人，我们还不如努力提升自己，让自己变得更加强大。常言道，一分耕耘一分收获，有的时候付出未必能有收获，但是不付出却一定毫无所获。既然如此，我们为何不努力付出，让自己拥有更多的可能性呢？

你不可能靠羡慕就获得自己想要的一切，所以你必须从现在开始就奋发图强，真正迈出人生的第一步。这样你才能在不断努力和尝试的过程中给自己寻找更多成功的可能，否则你就会遭遇失败的人生。当然，既然羡慕不能让人得到一切，我们就应该摆正自己的心态。很多朋友在小有成就之后，总是肆无忌惮地炫耀自己，殊不知招来别人羡慕的同时，也同时招来了妒忌，对自己并没有一点点的好处。无论如何，生活都是自己的，不管过得好与坏，我们都要独自去承担，至于他人是羡慕我们的生活还是鄙视我们的生活，对于我们来说并没有那么重要。与其把时间和精力白白浪费，我们不如全心全意过好自己的日子，这样才是对自己负责的人生态度。

乔乔非常羡慕静静现在的生活，她对于静静的一切表现都感到非常新奇。尤其是在春节假期静静一家三口回家的时候，乔乔觉得像静静这样从远方回到家里是一种衣锦还乡的感觉。因此，乔乔对于自己的生活越来越不满意，她知道自己一生都要过这样的日子，在学校和家之间两点一线，她也知道自己如果不能改变，那么就只能接受现实。思忖良久，乔乔还是无法鼓起勇气做出决定，因为她已经习惯了现在颓废的生活，也怕自己没有足够能力出去打拼。

看到乔乔这么痛苦的样子，静静直截了当地说："如果羡慕我的生活，你就马上改变，毕竟你现在只有三十出头，还可以努力去打拼。如果你只是一味地羡慕，而不做出任何改变，那么等到十年之后，你已经四十多岁，你的一生就真的彻底定型了。"在静静的激励下，乔乔最终痛下决心辞掉工作，为了避免父母阻止，她还瞒着父母，直到到达静静所在的城市，她才给父母打电话报了平安。当然乔乔并不是盲目这么做的，她已经和爱人商量好，等到她站稳脚跟安顿下来，爱人也会辞掉工作带着孩子来投奔她，一家三口在大城市团圆。

初来乍到陌生的地方，幸好有静静照顾，否则乔乔真觉得自己应付不来吃饭和住宿的问题。尤其是乔乔得知每个月的房租都要几千，因而更加感激静静。静静对乔乔说："我可不会一直收留你，我只能收留你一个月。在这一个月的时间里，你每天都要四处奔波找工作，一旦工作的问题确定下来，你就从我家搬出去过自己的生活。"乔乔说："当然。你能给我一个月的时间，我已经非常感激了，至少我不会在熟悉这个城市之前露宿街头。可想而知，当初你自己来到这个城市是多么艰难。你是我的先锋，所以我现在才能这样踏实。"这几年，乔乔度过了人生中最艰难的时刻。她总是感谢静静："是你让我拥有了如此充实的生活，我现在觉得在老家度过的十年，简直就是在浪费人生。"当然，大城市的生活虽然精彩，压力也很大，乔乔和老公不得不每天都很辛苦地工作，才能维持家庭的开销。然而乔乔觉得一切都是值得的，毕竟她的孩子现在可以在大城市生活，眼界开阔，也得到了更好的教育和医疗的机会。

常言道："树挪死，人挪活。"对于每个人而言，人生不可能永远钉在一个地方。要想看到不同的风景，体会不同的精彩，人们就要努力让自己活泛起来，这样才能不断进步。事例中的乔乔，如果不是在静静的鼓励下勇敢地辞掉工作，那么她的一生也许都要在家乡的小县城里度过，生活在方圆十几里的范围内。幸好乔乔还算是有决心的，她能够勇敢地做出决定，迈出人生中关键的一步，从而让人生变得不同。

一味地空想就像白日梦一样，哪怕是每分每秒都在幻想，也并不能真正改变什么。一个人要想真正掌控自己的命运，主宰自己的人生，就要当机立断马上做出行动，这样才能最大限度发挥自身的能力，也才能知道人生有多少的可能性。有的时候生命中的机会转瞬即逝，一味地牢骚和等待并不能抓住机会，唯有随时做好在机会到来时抓住机会的准备，才能让人生变得大不相同。

第三章

确定目标，让逐梦之路拥有准确的方向

成就梦想，定下目标是第一步

我们可以发现，那些大凡做出巨大成就的人，都清楚地知道自己想成就的是什么。当然，他们绝不像太平洋中没有航标的船只一样，随风飘荡。成就梦想，定下目标是第一步，然后思考：如何达成自己的目标。这道理似乎听起来好像是老生常谈，但令人惊讶的是，许多人都没有认清：为自己制定目标及执行计划，是唯一能超越别人的可行途径。

成功者的行为都是有目的性的行为，一般来说，没有目的性的行为是很难成功的。有可能你想成为一名政治家、一名流行歌手、一名将军……但是，生活中没有目标的人就是可怜的糊涂虫，他们永远没有办法找到成功的途径。车尔尼雪夫斯基曾说："一个没有受到献身热情所鼓舞的人，永远不会做出什么伟大的事情。"一旦人们失去了目标，就意味着失去了人生的推动力，失败必将来临。当然，在追寻目标的过程中，我们应该有自己的立场，因为我们的生命不需要被他人保证。

一个没有目标的人就像是一艘没有舵的船，永远过着漂泊不定的生活，只会到达失望和丧气的海滩。为什么许多人即使付出了艰辛的努力，但还是无法成功？其实，这是因为他的目标总是模糊不清或者根本没有实际可行的目标。在生活中，一旦我们确立了清晰的目标，也就产生了前进的动力，所以，目标不仅仅是奋斗的方向，更是一种对自己的鞭策。

有人曾这样说，一个人无论他现在的年龄多大，其真正的人生之旅，是从设定目标那一天开始的，之前的日子，只不过是在绕圈子而已。要想获得成功，我们就必须拥有一个清晰而明确的目标，目标是催人奋进的动力。如果你缺失了目标，即使你每天不停地奔波劳碌，却还是无法获得成功，而成功者之所以能轻松地走向成功，那是因为他们的目标明确、眼光长远。

而实际上，生活中，很多人因为无法承担追求梦想带来的困难和痛苦，就选择追求安稳的生活，每天两点一线，上班、回家，回家、上班，逐渐对梦想失去激情，而当他们看到他人风光无限或是衣食富足时，又嫉妒得要命。天上不会掉馅饼，即使掉了也不一定会砸到你的头上，凡事有因才有果，你付出了才能有回报，甘于现状、不思进取却又企望富贵发达，这就是"白日做梦"。

为此，为成功奋斗的人们，从现在起，你只需树立一个正确的目标，调动你所有的潜能并加以运用，便能带你脱离平庸的人群，步入精英的行列。你可以记住以下几点：

1.关注未来，不要满足于现状

独具慧眼的人，往往具备人们所说的野心，是不会被眼前的蝇头小利所吸引而放弃追求梦想的，他们一般会用极有远见的目光关注未来。

2.不要把梦停留在"想"上

梦想可以燃起一个人的所有激情和潜能，载他抵达辉煌的彼岸。但有了梦想，不要把"梦"停留在"想"上，一定要付诸行动，制定目标，这才能够带给你真正需要的方向感。

诚然，我们都渴望成功，都有自己的梦想，但梦想并不是参天大树，而是一颗小种子，需要你去播种、去耕耘；梦想不是一片沃土，而是一片荒芜之地，需要你在上面栽种绿色。如果你想成为社会的有用之才，你就要"闻鸡起舞"，甚至需要你"笨鸟先飞"；如果你想创出惊世之作，就需要你呕心沥血……梦想的成功是建立在阶段性目标的基础上，需要以奋斗为基石，如果你想实现你心中的那个梦想，就行动起来吧，为之努力，为之奋斗，这样你的理想才会实现，才会成为现实。

一旦确定了目标，就要找准方向

人生如同白驹过隙，弹指一挥间，又如同漫长的旅程，长得似乎看不到终点。其实人生的长短取决于我们的心境，假如我们觉得人生都是顺境，且非常快乐和幸福，那么光阴似箭，人生就会转瞬即逝。相反，在遭遇坎坷挫折的时候，在自以为扛不过去的时候，人生就变得非常煎熬，甚至让人觉得度日如年。在这种情况下，人生是需要"熬"的，一关一关地熬过去，人生也就到了白头。由此可见，人生时长时短，时而幸福快乐时而艰难挫折，我们必须非常努力，才能最大限度地发挥自己的能力，成全自己，成就人生。

既然人生是一场旅行，我们就要注意确定人生的方向。很多人都曾听过《南辕北辙》的故事，故事里的主人公本应往南走，他却偏偏往北走，结果他距离目的地越来越远，这样的无用功简直是在浪费生命。在人生的过程中也是如此，我们每个人都有人生的方向，也有心的归属，一旦确定了目标，我们就要找准方向，这样才能朝着目的地飞奔而去。否则，即便我们能力很强，能够健步如飞，也只会导致我们距离目标越来越远，根本于事无补。

作为美国的石油大亨，洛克菲勒十六岁那年只是一家杂货店的职员，他每个星期只能领取微薄的薪水——5美元。到了十九岁那年，洛克菲勒决定下海经商，先从倒卖肉类食品和谷物开始。为了详细记录下做生意的情况，他每天都辛辛苦苦地记账，从不放过任何一笔细小的开支。二十三岁时，洛克菲勒把人生最远大的目标定义为挣钱，拥有财富。就这样，他从此之后再也没有因为生活上的任何事情高兴过，只有当生意上赚钱了，他才能感到片刻的开心。曾经，他因为损失了150美元而郁郁寡欢，最终生病；为了节省金钱和时间，他从来不参加宴会，更不会进行任何娱乐活动。很多人都很痛恨洛克菲勒，觉得他唯利是图，他甚至还为了钱与亲弟弟反目成仇。就这样，他渐渐变得眼里只有钱，也变得性情冷漠，性格孤僻，对人毫无信任可言。

在放弃一切的情况下，他终于在三十五岁那年赚取了人生中的第一桶金——100万美元。又过去八年，他在四十三岁时首创世界上的第一家垄断企业——标准石油公司。当人生又一个十年过去，他因为长年累月积劳成疾，精神紧张，导致身体健康急剧恶化，他不得不退出工作岗位，休养生息。正是这段休息的时间，让他意识到自己失去了人生之中最宝贵的财富，诸如健康、亲情、爱情和友情。彻底顿悟的他不再执着于金钱，而是慷慨解囊，把自己毕生所得都贡献出来造福于他人。他真心诚意地帮助黑人，资助建立了举世闻名的芝加哥大学，还成立了自己的基金会，帮助全世界的人摆脱无知和疾病。在奉献的过程中，他感受到从未有过的幸福和快乐，也得到了世人的交口称赞。最终，曾经在五十三岁那年就被宣判死刑的他，居然心情舒展，活到了九十八岁。不得不说，洛克菲勒五十三岁之后的四十五年人生，使他找到了人生真谛，也是他顿悟之后的收获。

在漫漫的人生路上，人们总是希望得到更多，然而欲望是永无止境的，尤其是对于金钱和物质的欲望，往往会让我们迷失本性，再也难以找回自己的初心。洛克菲勒是幸运的，因为身体敲响警钟，他最终决定于五十三岁退休，并开始反思和回顾自己的人生。当他找到真正属于自己的人生之路时，他的人生变得方向明确，他也因此从金钱的奴隶变成了金钱的主人。当然，我们都只是普通人，根本没有能力像洛克菲勒一样拿出很多来帮助世人，但是我们至少应该从洛克菲勒的身上得到启示——也许我们今日忙忙碌碌的所得，并非我们真正的需要。与其庸庸碌碌地度过一生，不如从现在开始真正感受生活的真谛，领悟自己发乎本性的需要。

人生抑或短暂，抑或漫长。我们唯有真正洞察自己的内心，了解和认识自己的内心，才能找到人生的正确方向。路都是人走出来的，只要方向正确，即便路途遥远，只要我们坚持不懈，持之以恒，总有一天能够到达目的地，找到真正的心灵归属。

目标越清晰，越让你有力量

目标不但要符合实际情况，切实可行，还要适度远大、适度短暂，这样才能真正引导和激励人们朝着最终的人生目标奋进。只有不断地坚持进取，只有在人生成长的道路上努力前行，我们才能在面对目标的时候迸发出力量。当然，这样的话说到容易，做到很难。为了真正坚持实现目标，我们在制定目标之后，还要注意让目标变得更加清晰，这样才会在一想到目标的时候就浑身充满力量，才会在面对人生的各种境遇时始终坚持前行。

很多人对于目标都有误解，他们觉得是先有追求，才能到达一定的阶段、获得特定的成就，为此他们把成就作为目标。殊不知，这样的理解对于目标来说可谓本末倒置。因为目标不仅可以用来界定每个人在追求之后所获得的成果或者是阶段性胜利，而且在整个人生之中都起到至关重要的作用，都有引导的意义。先有目标，才有奋斗，目标越大，奋斗越有力量，目标越是清晰，奋斗越是事半功倍。从这个意义上来说，也可以把目标视为成功的动力，从而在目标的指引下开足马力向着目的地前进，哪怕遭遇坎坷泥泞和风雨也绝不放弃，而是始终坚持。当然，每个人都是这个世界上特立独行的生命个体，每个人的天赋和能力不同，后天的发展也相差迥异。在这样的情况下，我们不要因为看到别人的成功就盲目地学习别人，而是要笃定自己的心，对于人生有自己的理想和规划，从而制定属于自己的目标，也更加朝着目标努力奋进，全力以赴去做好该做的事情。

1952年7月4日清晨，东方泛起鱼肚白，天才蒙蒙亮。在加利福尼亚海岸，查德威克正在做准备工作，准备从这里下海，从太平洋游到加州海岸。这个日子是查德威克很久之前就确定的，然而糟糕的是，天空中弥漫中浓重的雾气，能见度很差，天气也很阴冷，这让查德威克的心情也变得不那么好了。既然是已经确定的事情，查德威克没有退缩，就这样顶着浓雾下到海水中。雾气很大，眼前一片白茫茫；海水很冷，似乎要刺穿骨头。在海水里，查德威克努力地向前游动，既避免身体被冻僵，又为了提升速度。护送的船只一直跟在她的身后，但是她常常看不到船的轮廓。有一次，还有鲨鱼来到她的身边游动，枪声马上响起，把鲨鱼驱赶走。她一直在坚持着，努力地向前游去。时间一分一秒地过去，她越来越疲惫，觉得全身的力量都要被消耗完了。她要求上船，至此她已经游了整整十五个小时，嘴唇都冻得哆嗦。她朝着护送的船发出讯号，要求上船。她当然知道从她下海的那一刻开始，电视台就在进行直播，也有无数的观众朋友正在电视机前看着她。但是她真的无法继续坚持下去了，哪怕母亲和教练都告诉她马上就要到达岸边，她看着眼前的浓雾丝毫无法找到岸边的踪迹，为此还是坚持要上船。当人们把瑟瑟发抖的她拉到船上，给她披上厚厚的毛毯，又给她端来一杯热饮，她才逐渐止住战栗。然而，她还没有把热饮喝完，就看到了海岸线。原来，母亲和教练说的是真的，她上船的时候其实已经距离海岸非常近了，也许只有半英里。她很懊丧，后悔自己没能坚持。

几个月后，她在一个晴朗的日子里再次发起挑战。这一次，她的视野很开阔，甚至在距离海岸很远的地方就依稀看到了海岸线。因此，她当机立断地朝着海岸线游过去，丝毫没有迟疑。比起上次挑战，她的这次挑战非常成功，只用了十三个小时就游到了对岸。从此之后，查德威克深切意识到明确目标的重要性。她再也没有因为看不到目标而放弃过。

对于每个人的人生而言，只有拥有目标，才能在目标的指引下努力进取。任何时候，目标都是人生的领航灯，也是人生在迷惘和困惑时力量的来源。一个目标清晰的人，总是充满动力、充满活力，而且充满毅力。即使遭遇人生中的各种挫折和磨难，他也绝不放弃，而是继续勇往直前，丝毫也不退缩。

要想在人生的道路上走得更好，我们就要明确意识到目标的重要性，也要更加全方位思考，为自己制定清晰的目标。唯有如此，我们才能全力以赴地前行，才能在目标的指引下收获丰实的人生。

实现目标，需要学会忍耐和坚持

目标在追求梦想过程中的重要性早已毋庸置疑，一个人要想成功，首先就得明确目标，有了目标，才有前进的方向，才不至于在前进的路途中迷失了方向。明确了目标之后，还需要朝着这个方向不断地努力，不管追寻的路途中有什么样的困难和挫折在等着我们，都需要学会忍耐和坚持，因为忍耐是一种对胜利的执着。生活中，人们听到"逆境""挫折"这样的词总是紧皱眉头。在他们看来，逆境意味着绝路，或许，自己再也没有翻身的那一天了。但事情往往并不是这样，多少成大事者都是从充满风雨的逆境中走了过来，从而获得了巨大的成功。

也许，你会问，同样是逆境，怎么会出现这样大的差别呢？那是因为，在逆境风雨中，那些坚持下来的人，他们有明确的目标，更懂得在追求目标的过程中学会忍耐，于是，他们往往会收获一份意想不到的礼物：或是乐观的心态，或是顽强的斗志，或是困难中的机遇。正是忍耐过程中所获得的经验与教训，铸就了他们最后的成功。在追求目标的过程中，我们总是会遇到各种各样的挫折与困难，也许我们并不欢迎逆境、磨难的到来，但是，当它们与我们不期而遇的时候，请不要调转回头。它们就好似一个魔鬼，一旦看上你，就会对你穷追猛打、不舍不弃。而那些躲避甚至逃跑的人，只会被它欺负得更加悲惨。如果你想成大事，那就应该明确自己的目标，学会忍耐，这样才能经得起逆境风雨的洗礼。

任何一个人在追寻目标的过程中，都将注定经历不同的苦难、荆棘，那些被困难、挫折击倒的人，他们必须忍受生活的平庸；而那些战胜苦难、挫折的人，他们能够突出重围，赢得成功。对于生活中的我们来说，需要明确自己的目标，而且朝着目标前进，在追寻目标的过程中，学会忍耐，因为忍耐是对胜利的一种执着。

毋庸置疑，一个不能坚持的人往往很难获得成功，他们总是因为各种各样的困难而退缩，或者半途而废。只有执着于梦想，才能够排除万难不断向前，我们的人生才会更加坚定。执着就像一把刀，最终把人生雕刻成我们希望的样子，帮助我们顺利达到成功的彼岸。

的确，人生就像马拉松赛跑一样，只有坚持到终点的人才有可能成为真正的胜利者。著名航海家哥伦布的《航海日记》最后总是写着这样一句话："我们继续前进。"这话看似平凡，但也告诉了所有正在为目标奋斗的人们一个道理：达成目标需要无比的信心和意志力。在这个过程中，你只有坚守内心的目标，付出艰辛的劳动，才会实现蜕变、获得成功。

制订人生计划，需要详细可行

前面我们已经阐述过目标对于行动的重要性，而将目标细分则是计划，只有目标而没有切实可行的计划，就会导致我们的目标成为空想，最终落空。这样一来，不但我们绞尽脑汁确立的目标化为泡影，而且我们的人生也会受到影响。要想让目标实现，要想让人生充实，我们就必须制订人生计划，而且计划还要详细可行，从而督促我们一步一步、踏踏实实地实现计划，进而使人生也变得圆满。

现实告诉我们，对于那些善于制订计划并且能够严格按照计划安排生活的人，他们的人生是高效的。反之，对于那些浑浑噩噩、当一天和尚撞一天钟、懵懂度日的人，人生是低效率的，他们甚至会浪费很多宝贵的时间。正是基于这一点，我们才要制订详细可行的各种计划，从而帮助自己合理安排时间，充实度过人生。

也许有些人会说，现代社会人人生存压力都很大，还要承受工作上的各种挑战，而且生活节奏很快，根本无暇制订计划。尤其是对于千头万绪的生活，以及堆积如山的工作，更是难以分清楚轻重缓急。这的确是实情，但是恰恰因为这个实情，我们反而更要抽出时间来制订计划。要知道，没有计划的忙碌是瞎忙，也许反而会导致事与愿违。只有用心地规划好人生，秩序井然、按部就班地生活，我们才能更加条理清楚，冲破人生的迷雾。要知道，人生中的很多事情紧急程度都不同，如果我们能够捋清思路，统筹地安排生活、规划人生，必然事半功倍。反之，我们就会事倍功半，甚至无功而返。计划有很多种，大到人生的规划，小到一天甚至只是半天的计划，都是可以制订出来并且实施的。

当然，就像只有目标没有计划是远远不够的，只有计划距离成功依然很遥远。在制订计划之后，我们接下来要做的就是严格执行计划，让自己的人生井然有序。正如人们常说的，有志者立长志，无志者常立志。能够严格执行计划的人，每次制订计划都能维持很长的时间。但是不能执行计划的人，时不时地就要制订计划，每次却又轻易推翻自己的计划，导致不得不再次制订计划。且不说数次制订计划需要浪费多少时间，当我们总是轻易推翻自己的计划，那么制订计划就会变成一种形式，甚至等不到执行就会被推翻，这样一来制订计划也就失去了意义。

现在，我们可以肯定制订计划对于我们的学习、工作和生活都有着很大的好处。它不但能够帮助我们规划生活，而且会帮助我们节约时间，使我们的人生变得秩序井然。那么，如何才能制订行之有效的计划呢？

首先，在制订人生计划的时候，我们要牢记自己的人生目标，这样才能始终坚守目标，决不偏离。

其次，在制订小的人生计划时，诸如制订一段时间内的工作计划，我们必须对工作的量有个总体把握，这样才能在有限的时间里合理安排工作，做到劳逸结合。

最后，需要注意工作计划与工作日程是不同的。工作日程更像是一天的时间安排，但是计划则是有思考地对工作进行长期规划。

在日常工作中，如果不做计划、不按章办事，轻则让事情杂乱无章、没有眉目，重则会让自己无意中犯下重大的错误。

没有一个人会不犯错误，尤其当一个人凭感觉做事的时候。每一个企业的规章制度，每一个行业建立的流程，绝对都有它的合理性，是经过前人千锤百炼才总结出来的管理理论，是经过无数次的整合和实践才总结出来的行之有效的方法。

就拿简简单单的流水线作业来说，20世纪初，在福特汽车厂内，专业化分工非常精细，仅一个生产单元的工序就多达7882道。福特通过反复实验，确定了一条装配线上所需的工人数目，以及每道工序之间的距离。这些全是通过最精确的数字计算和反复实践的结果，不要看不起这些，打乱一个小细节，整条流水线就会瘫痪。

做事情如果随心所欲，在平时可能仅是有点忙碌、手足无措。可一旦到了真正需要相互配合、严丝合缝的协调工作的时候，这种杂乱无章的状态就会带来很大的乱子。所以，再忙也要有章有序，从现在开始，分析造成混乱的原因，通过科学的方法来调整混乱的状态，从而有效率地工作吧！

总而言之，制订计划是相对容易的，要想让计划起到预期的效果，最重要的是在制订计划之后坚持实施。无论如何，在这个世界上通往成功的道路只有一条，那就是脚踏实地、勤勤恳恳。再好的想法或者规划，如果不能落实到实际行动上，就会变成毫无意义的空谈。反之，即使我们的计划不够完美，但是只要我们能够坚持不懈地按照计划去做，那么日久天长，也必然卓有成效。

以成功者为榜样和目标，不断超越他们

任何梦想都是一个长期目标，在这样的目标的指引下，我们能保证大方向的正确和不失偏颇。但是过于长期的目标无疑会使人们感到疲劳，毕竟长期目标并非一朝一夕间就能实现的，就像漫长的旅途容易使人感到劳累一样，过久的拼搏奋斗却没有激励因素，同样会让人感到疲惫不堪。为此，很多人都把长期目标进行分解，使其成为若干个短期目标。当这些短期目标达到之后，人们就会感受到成功的喜悦，也会因此变得更加自信。

其实，除了分解目标之外，还可以采取为自己树立榜样的方式激励自己。尤其是当榜样为身边熟悉的朋友或者同事，甚至是兄弟姐妹时，我们因为总是能够看到对方，切身感受到对方的成功，也就更容易受到鞭策和激励。而且，因为榜样是有血有肉鲜活的生命，所以榜样不但可以激励我们努力进取、寻求超越，还可以成为我们学习的对象。所谓青出于蓝而胜于蓝，当我们真正做到这一点，一定会感受到巨大的成功和喜悦。换言之，我们也只有获得比成功者更大的成功，才有可能超越作为榜样的成功者。

现实生活中，有很多人都做着白日梦，幻想着自己有一天一定能够变得非常伟大。实际上，一味地做白日梦并不能帮助我们实现理想，真正切实有效的方法是从熟悉的人中找一个人

作为自己的目标，等到超越他之后，再重新确立一个更优秀的人作为自己的目标。如此一个一个优秀者挑战下来，你会发现自己就像上台阶一样，已经不知不觉进步了很多，人生也发生了翻天覆地的变化。

已经升入高三的小雨最近才意识到要努力学习了，因为再不努力真的考不上大学了。如何才能迅速取得进步呢？成绩在班级里处于中下水平的小雨有些摸不着头脑，也貌似找不准方向。思来想去，她决定就从同桌入手。原来，每次考试，同桌的排名都比小雨靠前五六名的样子。小雨认为自己尽管求胜心切，但是心急吃不了热豆腐，不能急于求成。

就这样，尽管小雨的目标是成为班级的尖子生，但是她却先把同桌看成了榜样和对手。经过一个月的刻苦努力，在月考中，小雨的名次终于赶过了同桌，甚至还比同桌靠前一名呢！这个小小的成功让小雨非常高兴，也因而对自己更有信心了。接下来，她把坐在前排的娜娜定为目标。娜娜的成绩在班级的六十个人中，排名三十左右。如此一来，小雨相当于在下一次考试中还要提高五名。

确定目标之后，小雨继续努力，也因为提高五名并不需要过多的分数，所以她并没有太大压力，不过她也没有放松，还是每天早晨都早起背诵英语单词，朗读英语课文，果不其然，英语的进步很大，小雨的总分居然上升了八个名次。接下来的时间里，她把目标定位班级排名二十的小风。只需要再进步两个名次，小雨的目标是精益求精，也许只要避免因为粗心丢分，目标就能实现。期中考试时，小雨非常认真细心，居然戒掉了粗心的毛病，如愿以偿地把名次提高了两名。如此循环往复，在高考时，小雨顺利考入班级前五名，进入了梦寐以求的大学，也得到了老师、同学以及父母的刮目相看。

毋庸置疑，假如小雨在成绩不理想的情况下，想要一步登天地考入班级前五名，这几乎是不可能实现的，反而还会因此给予她巨大的压力，最终导致事与愿违。如此循序渐进，把身边比自己更优秀的同学作为目标去实现、去超越，效果自然事半功倍。此外，小雨还能从一次次的暂时成功中获得信心，从而使自己的提升计划进入良性循环，也给予了她更大的力量。

其实，这种超越成功者的方法不仅适用于学习，也适用于人生中的方方面面。例如，在职场上，我们不可能从一个普通职员一跃成为高层管理者，所谓饭要一口一口地吃，路要一步一步地走。当我们处于公司基层时，千万不要这山望着那山高，更不要眼高手低，唯有脚踏实地地勤奋工作，让自己一个台阶一个台阶地往上攀登，才能最终实现人生目标，也才能完成自己的梦想。

尤其是现代职场竞争异常激烈，每个人都要靠自己的实力才能得到长足的发展。假如我们一味地沉浸在对美好未来的幻想中，甚至把目标定得过高且不切实际，我们的自信心就会备受打击，导致事与愿违。那些成功人士都有自身的独特之处，我们可以学习他们的成功经验，却不能盲目照搬他们的成功模式，东施效颦只会贻笑大方，如果走错了人生道路，一定会追悔莫及。所以我们最需要做的就是向成功者学习，为自己的人生提供无限的可能性。

第四章

决不放弃，轻易放弃的人无法享受梦想实现时的喜悦

梦想最终能否实现，关键在于你是否坚持

每个人都有梦想，在人生的路上，梦想最终能否实现，关系到我们的人生是否完满。现实生活中，我们总是羡慕成功者身上的光环，殊不知，他们之所以拥有成功的人生，就是因为他们在追求梦想的过程中不管遇到多大的困难，始终都能坚持不懈，毫不放弃。相反，那些总是与失败相伴的人，就是因为他们总是在遭遇挫折的时候轻易放弃，因而导致半途而废，无疾而终。

也许有些朋友会抱怨命运不公平，我们不得不承认，命运是非常公平的。很多时候，我们之所以被命运捉弄，那也只是因为命运要考验我们是否能够担当大任。正如古人所说："天将降大任于斯人也，必先苦其心志，劳其筋骨，饿其体肤……"由此可见，天上不会掉馅饼，这个世界上也没有任何一蹴而就的成功。不管什么时候，我们必须要非常用心和努力，也要具有坚持的毅力，才能最大限度发掘我们自身的潜力，战胜挫折，让我们越挫越勇，才会距离梦想越来越近。

很多时候，我们的确面临人生的风雨泥泞。然而，我们虽然无法改变客观存在的外界环境，但是我们可以调整自己的心态；我们虽然无法支配和指挥别人，但是我们可以成为自己的

主人，让自己变得更加积极努力。总而言之，只要我们心中怀有希望，只要我们在任何情况下坚持不放弃，就没有任何人能够中断我们的梦想，更不可能让我们的梦想戛然而止。在通往梦想的道路上，我们是自己的领路人，是自己的鞭策者，也是自己源源不断的动力源泉。

接连下了好几天的雨，一个懒惰的男人家里已经开始漏雨了，而且因为平日里家里储备的粮食不多，他的孩子们现在不得不开始挨饿。为此，这个男人气愤地站在雨地里叫骂老天："老天爷啊，你为什么要这样接二连三地下雨呢？我好好的房子都开始漏雨了，家里的孩子们也因为缺吃少喝的，整日哭哭啼啼。老天爷啊，你还让不让人活了。我真想问问你，你到底为何如此丧尽天良呢……"男人喋喋不休地叫骂不止，后来居然越来越生气，开始大声地咒起来。

这时，村里的一个邻居实在看不惯男人骂街的样子，因而说："你呀，与其站在这里骂老天爷，不如去别人家里借点儿粮食，先把孩子的肚子填饱了。其实，老天爷有什么错呢，春雨贵如油，现在下雨，到了秋天我们才会有好收成，我们都应该感谢老天爷才是。你家呢，因为你好吃懒做，好逸恶劳，因而没有多余的粮食。要是你去年少骂街几次，多去地里干点儿活，你家孩子如今也就不至于挨饿了。记住，老天爷改变不了什么，过得好不好完全取决于你自己！"邻居的一番话让男人羞愧不已。的确，关老天爷什么事情呢？他唯有辛勤地劳作，才能改变现状，至少让孩子们吃饱肚子。

哪怕是非常严重的意外和变故，对于人生中的强者而言，都无法改变他们的命运轨迹。任何时候，我们必须非常努力，才能最大限度地挖掘自身潜力，从而完成我们的使命。任何时候，都不要因为外界的原因而松懈自己。要记住，只要你发奋努力，没有人能够拖你的后腿，更不可能让你无计可施地面对人生。不管是机会，还是解决问题的方法，都只青睐那些奋发努力的人。因而从现在开始，朋友们，不要再以任何理由放弃梦想。只有我们执着追梦，我们的人生才能变得更加顺遂如意。

古人云："吾日三省吾身。"这句话就是告诉我们每个人都要善于自我反省，积极地自我反省。要知道，很多事情都不可能一蹴而就，尤其是实现梦想的过程注定艰辛。我们在遇到挫折和磨难的时候，更要从自身出发，才能找到原因所在，从而越来越接近成功。

每一次坚持，都带来每一点进步

在前行的路上，放弃容易坚持难，不停地放弃，只能让自己停留在原点，不断地重复开始；而坚持，便是在原有基础上的一次次进步，可能每次只是一点点进步，一点点壮大，但滴水不是能汇聚成海吗？每一次坚持都是书写你成功之路的美丽之笔。

创业需要坚持。坚持到最后，才能排除万难，勇往直前。坚持的源泉来自多个方面：亲朋好友的鼓励和支持，可以支援你走出失败的阴影，从头再来；身上肩负的责任和众人的期盼，可以支持你越挫越勇，屡败屡战；学会总结经验和吸取教训，可以支撑你重整旗鼓，大干一场……

刘雁翎一个普通的下岗女人，白手起家建立起自己的婚纱摄影事业，她依靠的正是自己精湛的手艺、多年丰富的经验、层出不穷的创意和义无反顾的坚持。

刘雁翎原本是长沙市的一名下岗女工，她创办影楼的经历也是几经沉浮。如今，她一手建立的白宫婚纱影楼总店已有三百多平方米，还开设了分店。

1995年，她下岗后在一家影楼打工。她凡事抢着干，学化妆、弄布景、搞摄影，学会了很多东西。后来，有家影楼要转让，她接手下来，第一次建立了"白宫"，红火的生意让她掘到了第一桶金。谁知因为修路，影楼要拆迁，几十万的装修全打水漂了。痛定思痛后，她租了附近一家工厂的门面，又投入十万元，

第二次立起影楼。可不幸的是，不到一年，影楼再一次拆迁，这一次可是连本钱都赔光了。历经了两次失败，她还是坚持了下来，第三次开起了"白宫"。她聘请的摄影师是在上海

专门培训过的，化妆师是广州高薪聘请的，先进的数码摄影技术也学会了，并在长沙率先启用了鲜花造型、雷蒙娜制作、水晶制作等。渐渐地，影楼的回头客多了起来，如今，她的影楼年营业收入有几十万元。

坚持到底是一种难能可贵的心态，我们常说"坚持就是胜利"，这句名言每个人都知道，但真正能从心底里体会其深意，并走向成功的却是少数，而刘雁翎三次创业的难得经历，就是对坚持最好的诠释。

每个人都要找到最适合自己发展的行业，由此打好创业的根基，在选择好道路以后，更要有长远的眼光和坚持到底的决心。既然选择了这条路，就应该坚持去挑战每一道难关，攻克每一个碉堡，即使我们已经疲惫不堪、想放弃、想逃避，只要依旧在坚持，远方就有胜利的身影在晃动，你的美丽梦想就会有实现的可能。

20世纪90年代初，周先生开始了他白手起家的创业之路，他是福州安泰中心的第一批商户，经营小家电，但生意不尽如人意。经过市场调查，他了解到内衣市场尤其是女性内衣市场前景很好。于是，1991年，他义无反顾地来到浙江义乌开始经营女性内衣生意。在创业初期，他遭受了两次大的打击；而他的第一桶金是在从业之后的第七个年头才淘到的。

1991年，刚到浙江义乌时，周先生主要经营批发女性内衣的业务。一个追梦人背井离乡到外地做生意，刚开始什么都不顺，但他都一一克服了；1995年以后，他才开始赚钱。可惜好景不长，1996年，一个老客户一次从他那里发走了十几万元的货，意料不到的事情却发生了。半个月后，他发现这个客户失踪了。这样，周先生不仅白忙活了四年多，还欠了债。他萎靡了半年，但最终还是撑下来了，决定坚持做下去。于是，他高息借了20万元，又投了进去。

1998年，周先生发现，从事女性内衣批发虽然利润高，但不如做品牌内衣有着稳定的客户群和利润。因此，他回到了福州，开了一家女性内衣大卖场，销售黛安芬、安莉芳等中高端品牌内衣。两年多时间里，那家店让他赚了30万元。这就是周先生淘到的第一桶金。

其后，周先生凭借不怕失败的精神、丰富的从业经验、熟练的品牌操作能力成了法国梦特娇女性内衣的福建总代理。

目前，周先生代理了两大品牌，一是梦特娇，二是依之妮，已经有几十家加盟店。自此，周先生的创业之路坦荡多了。

周先生现在最常说的生意经是"守得云开见月明"。诚如他所言，创业要坚持，一个人如果不懂得坚持，任何事情都不可能成功。

河蚌忍受了沙粒的磨砺，坚持不懈，才孕育出绝美的珍珠；铁剑忍受了烈火的赤炼，坚持不懈，才炼就成锋利的宝剑。在艰辛的创业之路上，一切豪言与壮语难免成为虚幻，唯有坚持才是走向成功的基石。

孟子曾言："天将降大任于斯人也，必先苦其心志，劳其筋骨。"试问：不能忍受磨炼，不肯坚持，有几人能成功呢？纵有千古，横有八方，前途似海，来日方长。从今天开始学会坚持，你才有机会扭转乾坤，成为命运的主人。

中途退出，一些努力注定徒劳

俗话说：有志者立志长，无志者常立志。这句话的意思是说，有志气的人一旦立志，就会坚定不移地去做，即使遇到困难也不退缩，而没有志气的人呢，他们经常立志，却没有毅力去做，所以常常放弃，常常立志。毫无疑问，做同一件事情，一定是有志气的人才能做成功，没有志气的人只会像寒号鸟一样天天哀号。其实，这个世界上没有任何事情可以一蹴而就，包括你的一段感情，包括你做的一份工作。没有时间的投入和全心全意的坚持，不管是在感情上还是在工作上，你都会徒劳无获。

那么，有什么事情能够一帆风顺，直抵成功吗？答案是没有。我们做任何事情，都会遇到困难。之所以结果不同，是因为每个人面对困难的态度不同，有的人知难而退，有的人迎难而上。毫无疑问，大多数成功者是迎难而上的人。他们都有足够的勇气，能坚持不懈地去努力，即使遭遇很多坎坷和挫折，也绝对不轻易说放弃。

相传古时，乐羊子离开家乡，辞别妻儿，独自外出求学。因为出门在外的生活实在太艰难了，也因为求学的道路充满坎坷，他很快就开始思念家乡，想念妻子儿女，因而最终于求学一年之后放弃，回到家乡。当风尘仆仆的乐羊子回到阔别的家中时，妻子正在织布。看到乐羊子背着沉重的行李走进家门，妻子丝毫没有觉得惊喜，而是满脸诧异。她问："你怎么回来了？学业结束了吗？"乐羊子笑着说："我不想继续求学了，我想回到家里守着你和孩子。"妻子一语不发，拿起身旁用来裁剪布匹的锋利剪刀，二话不说把自己正在编织的一块精美布匹剪断了。

乐羊子心疼不已，要知道这可是妻子辛辛苦苦昼夜不息才编织出来的布匹啊，家里还指望着这块布匹卖钱呢。为此他疑惑地喊道："这块布匹马上就要完成了，你为什么要这么做啊！"妻子严肃地说："这块布匹的确即将完工，但是因为我从中间将其剪断，所以它就成为了毫无用处的废物。你求学也是这样的道理，学业进行过半，你却选择放弃，那么无异于前功尽弃，前面所有的努力也就白费了。现在的你，就像这块已经成为废物的布匹一样，再无半点用处。"妻子的话让乐羊子陷入沉思，他马上理解了妻子的苦心，因而说："你放心吧，我会继续努力的，我现在就回去，继续学业。"说完，乐羊子背起行囊踏上求学的旅途。

妻子一语惊醒梦中人，使乐羊子知道学业半途而废的严重后果。尽管妻子为此废弃了自己辛苦编织出来的一块布匹，但是如果能换取丈夫的远大前程，也是值得的。从此也不难看出，乐羊子的妻子是一个深明大义的女人，可以说乐羊子学有所成与妻子的督促和鞭策是分不开的。

做任何事情都忌讳半途而废，因为倘若没有开始做，那么至少还不曾付出，放弃的损失比较小。但是如果事情已经进行到一定程度，已经付出很多，这个时候再选择终止，无疑会导致前功尽弃、损失惨重。而且，做事情一定要有头有尾，如此半途而废，长此以往还会导致人们失去自信心，也会使人们更加偏离既定目标，从而导致人生没落。

总而言之，人生之中做任何事情，都必须有坚持到底的精神，如果一旦遇到小小的挫折就半途而废，则人生注定一事无成。

唯有坚持，才能获得伟大的效果

生活中人们常说，一个人做一件好事不难，难的是一辈子都做好事。这句话看似平淡无奇，却道出了坚持的重要意义。很多时候，我们做一件事情未必能够看到立竿见影的效果，唯有持之以恒地做下去，才能让人生变得与众不同，这就是坚持的重要意义。可以说，坚持对于一个人的成功有着非同寻常的意义。即便是看似简单的小事情，也唯有坚持，才能获得伟大的效果。

苏格拉底曾经要求学生们每天都做一个简单的动作，即把双手朝前和朝后甩动三百下。对于这件轻而易举的事情，学生们全都觉得实现起来毫无难度。然而等到一个月之后，苏格拉底问起学生们坚持的情况，只有百分之九十的学生在做。等到一年之后，全班学生里居然只有一个人依然坚持每天重复简单的甩手动作，他就是柏拉图。后来，柏拉图也成为了大名鼎鼎的哲学家，在哲学领域有所建树，做出了伟大的成就。

在《青春不应被浪费》一书中，袁岳曾经说，假如哪位大学生能够每天坚持写博客，写满一年的时间，那么他愿意为他们毕业之后找工作的事情打包票。当时，他的这句话是面向至少一百万大学生所说的，但是最终只有五名大学生把他的话记在心里，并且努力认真地坚持做下去。最终，五个坚持写博客的同学根本无需袁岳帮助，就顺利找到了工作。因为经过一年坚持写博客，他们不仅表达能力大幅度提高，毅力也极大增强。由此可见，任何行动的设想如果只停留在空想阶段，就会变成毫无意义的白日梦，只有转化成切实的行动并且努力坚持下去，才能成为技能，对我们的生活和工作起到积极的作用和影响。

很小的时候，安徒生就失去了父亲，他和母亲相依为命，过着艰难的生活。有一天，安徒生和几个小伙伴获邀去皇宫里拜见王子，请求王子给予他们赏赐。为了得到王子的赞赏，小小年纪的安徒生卖力地表演着，王子看完他的表演之后和蔼地问："你需要怎样的帮助呢？"安徒生满怀信心地对王子说："我想成为剧作家，而且要去皇家大剧院里表演。"

看着眼神忧郁、长相丑陋的安徒生，王子不由得哑然失笑，对他说："虽然你刚才剧本背诵得很好，但是写剧本可没有这么简单。我建议你学习一门能够养家糊口的手艺，也许比做这样不切实际的梦更好。"然而，安徒生对自己的梦想坚定不移，他非但没有采纳王子的建议学习手艺，反而拿出自己辛苦积攒的钱，跟妈妈道别，独自一人去了哥本哈根追求梦想。在哥本哈根，他就像是一个流浪汉那样过着艰难的生活，不但居无定所，而且经常食不果腹，更是遭到了无数贵族的拒绝，但是他从未放弃自己的梦想，而是始终坚持着。他一边艰难地维生，一边坚持创作，即便不被人们欣赏和认可，也依然持之以恒，从不放弃。终于，在1825年，安徒生的几篇童话故事在孩子中引起巨大反响，很多少儿读者都盼望着他的新作品问世。就这样，安徒生在自己三十岁的时候找到了人生价值，从此笔耕不辍地创作童话作品，最终享誉世界。时至今日，他的经典作品《丑小鸭》《皇帝的新衣》等，依然为孩子们所喜爱和传诵，丰富了全世界孩子的心灵。

如果安徒生当时听从王子的劝告，学习了一门能够养家糊口的手艺，那么世界上就会少了一位童话大王，孩子们也就少了很多可以代代相传的经典童话作品。正是因为安徒生在艰难的处境下始终坚持不懈地努力，从未放弃自己的文学梦想，所以他成了举世闻名的童话大师。

人生之中很多事情都不可能一蹴而就，我们需要付出坚持不懈的努力，才能看到卓有成效的效果。任何情况下，只要我们足够努力和坚持，人生绝不会辜负我们。当你成为独一无二的自己，你会觉得一切坚持都是值得的。

人生的失败并不在于被打倒，而是在于主动地放弃

现代社会生活节奏越来越快，工作压力越来越大，导致很多人都倍感压力，甚至产生了力不从心的感觉。然而，无论我们对于生活的感受如何，生活总要继续下去，哪怕是我们自觉心力交瘁，也无法改变生活的任何方面。在这种情况下，很多追梦人因为无法承受巨大的压力，因而决定放弃对人生的博弈。其实，人生的失败并不在于被打倒，而是在于主动地放弃，这才是真正的失败。正如海明威笔下的桑迪亚哥老人所说的，一个人尽可以被打倒，就是不能被打败。

从心理学的角度来说，只要我们内心决不放弃，就能始终屹立不倒，那么就没有任何人能够打倒或者是打败我们。打个

形象的比方，我们每个人都像是一颗独一无二的鸡蛋，即便这个世界上有很多鸡蛋，也绝不会有任何鸡蛋与我们完全一样。因此，我们完全有资格拥有属于自己的独一无二的人生，但是前提是我们必须拥有自己的梦想，成为一颗有梦想的鸡蛋。也许有些朋友会说，人生转瞬即逝，根本没有机会和时间重来，因此他们才会缩头缩脑，不敢轻易尝试。其实，谁的人生没有错误呢？越是那些成功者，他们的人生越是错误百出，但是他们之所以能够最终获得成功，就是因为他们面对各种机会勇往直前，绝不轻易放弃。要知道，当我们放弃与人生的博弈，我们不但完全避免了失败，也彻底失去了成功的机会。从某种意义上来说，放弃与人生的博弈，就是一种失败，而且是一种无法挽回的失败。

能力不足，并不是我们放弃人生的理由。所谓尺有所短，寸有所长，每个人都有自己的特长和缺点。我们唯有清醒理智地认知自己，才能做到取长补短，扬长避短，从而最大限度发挥我们的能力，成就我们的辉煌人生。

大学毕业后，南的很多同学都背起行囊，去了遥远的大城市打拼。只有南，在父母的再三坚持和四处托人找关系下，才考入家乡的公务员系统，成为了一名"旱涝保收"的公务员。每当听到其他同学在大城市打拼的辛苦生活，南也曾经暗自庆幸，至少自己的生活是安稳的，也是无须劳心费力的，而且他觉得自己能力不是很强未必能够适应外面的生活。然而，三年的时间过去了，南的生活没有任何改变，相反他那些曾经风雨漂泊的同学们，如今都有了稳定的工作，也过上了风生水起的生活。他们之中有的是公司里的业务骨干，有的已经成为公司里的中层领导。春节聚会的时候，看到那些从大城市回来的同学全都满口新鲜的词汇，南觉得自己被排斥在外了。再看看那些现在已经买车的同学们，他更觉得自己的人生是失败的。突然之间，他的内心觉醒了，他不愿意自己的人生就这样数十年如一日地过下去，否则人生还有什么意义呢！

思来想去，南决定放弃自己的工作，他要展开翅膀，去天空中翱翔，这样才可能成就自己的人生和精彩的未来。然而，父母对于南的决定极力反对，他们原本还指望着南工作稳定之后结婚，给他们生个孙子呢！但是，南心意已决，他虽然知道未来很不确定。但是至少他很清楚一点，即他不愿意再这么活着。就这样，南离开了自己熟悉的小县城，也离开了父母的翼护。他没有投奔那些已经有所成就的同学，而是去了一个谁也不认识的陌生城市，他下定决心，要让自己重新开始，超越人生。南此刻充满了信心，他坚信只要自己不遗余力，拼尽全力，就一定能以自己的力量博弈人生。

没有人的能力是绝对强大的，很多人的强大都是相对而言，因此朋友们，我们完全没有必要妄自菲薄，因为当我们觉得自身能力不足，其他人也会产生同样的感受。所以，我们无须担忧，而是要对自己充满信心，这样我们才能最大限度发挥自身的能力，挖掘自身的潜力，从而更加积极主动地面对生活，创造人生。

朋友们，我们每个人都是这个世界上独一无二的个体，不管我们的优点和缺点相比，优点更多还是缺点更多，我们都必须相信自己有着独到之处，也要坚定不移地以自己的力量，与最坚硬的东西碰撞。还记得村上春树的那句话吗？假如以卵击石，在坚硬的墙和鸡蛋之间我永远站在鸡蛋那方。的确，趁着我们还年轻，趁着我们还有梦想，也心怀希望，就让我们成为这个世界上最坚硬的鸡蛋，与未来死磕，与人生博弈吧！

勇敢地站起来，做一个永不退缩的强者

温斯顿·丘吉尔曾说："一个人绝对不可在遇到危险的威胁时，背过身去试图逃避。若这样做，只会使危险加倍。但是如果面对它毫不退缩，危险便会减半。因此，绝不要逃避任何事情，绝不！"一个人的人生之路不可能总是平坦的，总有曲折甚至是障碍让你不断地跌倒。跌倒并不可怕，可怕的是跌倒之后爬不起来，尤其是在多次跌倒以后失去了继续前进的信心和勇气。我们应该勇敢地站起来，做一个永不退缩的强者，清理好身上的泥土，继续上路。

笑笑刚学溜冰，小心翼翼，非常地紧张，走不了几步路就

摔得非常难堪。笑笑伤心地坐在地上，眼里含着泪，看到别人都做得那么好，笑笑感觉非常地难受和自卑。

这时候，好友琳娇滑到笑笑面前，将她扶起来，亲切地对她说："笑笑，想要学会溜冰就要不怕摔跤，这可是一项从摔跤中走向成功的运动。从现在起，你要准备好摔五十跤，然后你就会溜了。"

笑笑："真的吗？"琳娇肯定地点点头。

于是笑笑坚定地站起来，迈开了步。

一跤，两跤……每跌一跤，笑笑前行的脚步就越发地坚定，她明白，这一次次的失败就是为最后的成功作铺垫的。

数到第二十跤的时候，笑笑便再也不用往下数了。

如果笑笑因为内心的小纠结而放弃的话，那么她就永远学不会溜冰。在朋友的鼓励下，笑笑敢于面对自己的失败，没有退缩，勇敢地重新站起来，最终她学会了溜冰。所以说，当你从心底里接受失败，不怕失败，那么你的力量就会更加强大。

有这样一个男孩，他出生在美国的波士顿，从小就遭受命运的不公平待遇，三岁时，他失去了自己最亲的人，一时变成了一个可怜的孤儿。后来，当地一位做烟草生意的商人收养了他，并送他上学读书。善于经商的养父始终不理解爱写诗的他，更不喜欢他，常常骂他是个"白痴"。长大后，他的浪漫不羁与养父的循规蹈矩形成了鲜明的反差，两人不可避免地发生了激烈的冲突，最终他被赶出了家门。

后来，他进了美国西点军校就读，酷爱写诗的他竟然无视校规，不参加操练，而被军校开除，从此以后，他用写诗来打发自己的时光。

在他二十六岁时，他遇见了生命中最重要的女人——表妹唯琴妮亚。两人不顾世俗的眼光与阻挠，相爱并很快结婚，这是一段令他刻骨铭心的时光，也是他一生中最难以忘怀的美好回忆。

婚后，因为贫困潦倒，他们甚至连每月3美元的房租都无法支付，常常饿着肚子。体弱的妻子因为不堪重负而病倒了，他只能眼睁睁地看着，无能为力。很多人嘲笑他、讥讽他，说他是个十足的"穷鬼"，连自己的妻子都养活不了，而他的妻子面对人们的讥笑，始终对他不离不弃，他们用真爱演绎了世间上最牢固的爱情。

在这样困苦的环境中，酷爱写诗的他始终没有放弃手中的笔，每天都在疯狂地写诗，将自己对妻子的爱深深地融入文字中。他渴望有朝一日能改变现状，让妻子过上好的生活。就是这种强烈的渴望支撑着他，让他忘记痛苦，忘记世间所有的不快，一心只想着要"成功"，要"奋斗"。

然而，尽管他从未放弃努力，但深爱他的妻子还是带着眷恋与不舍离开了他。几近崩溃的他忍着悲伤的泪水，把对妻子所有的爱恋都付诸笔端，终于写出了闻名于世，感人肺腑的经典诗作《爱的称颂》，并最终获得了巨大的成功。

"每次月儿含笑，就使我重温美丽的'安娜白拉李'的旧梦；每次星儿升空，就像是我那美丽的'安娜白拉李'的眼睛，因此啊！整个日夜我要躺在——我爱，我爱，我生命，我新娘的身旁，凭吊那海边她的坟墓……"如此深情的诗文，让人感动、难过，想必他的爱妻如果泉下有知，也该感到欣慰了。

他是爱伦·坡，美国历史上伟大的作家和诗人。他用自己的一生证明了他的坚强不屈和永不言弃，不管环境多么的恶劣，不管他人对自己有何偏见，他一直坚守着自己的梦想，即便前方的路很远很累，可是他没有停下前进的脚步，而是一步步走向了梦想的巅峰，他用自己的实力向整个世界证明了自己，即便身处逆境，他也照样能走出灿烂的人生，因为他坚信自己是一个永不退缩的强者。

成功需要能力与智慧，更需要勇气和信念。没有人能随随便便成功，成功只会青睐于那些坚守梦想永不放弃的人，不管经历多少磨难，都不要丧失你的动力。对于成功者来说，失败一次、两次，只是在学习成功的方法，失败三次、四次或者更多次，只是说明还没有真正找到成功的方法，因此他们一直做的就是坚持下去，不断地努力，直至成功的那一天。

第五章

勇敢向前，将一切不可能变成可能

消除恐惧的方法只有一个，就是勇敢迈出第一步

生活中，我们每个人都有自己的梦想，然而，实现梦想的人毕竟是极少一部分人，大部分人与梦想无缘，这是因为他们无法承担追求梦想带来的困难和痛苦，就退而追求安稳的生活，每天两点一线，逐渐对梦想失去激情，而当他们看到他人风光无限或是衣食富足时，又嫉妒得要命。天上不会掉馅饼，即使掉了也不一定会砸到你的头上，凡事有因才有果，你付出了才能有回报，甘于现状、不思进取却又企望富贵发达，这就是"白日做梦"。

我们也发现，很多成功人士并不是含着金钥匙出生的，而是从做很卑微的工作开始，脚踏实地，一步步走向成功的。如果没有当初的努力，那么，这些成功者也只能是在温饱线上挣扎的人。同样，对于生活中的我们来说，人生路上，任何一段拼搏的旅程，都是从勇于改变现状开始的。

其实，很多时候，消除恐惧的方法只是做个痛快的决定，只要想做，并坚信自己能成功，那么你就能做成。

然而，生活中，人们都想成功，但却很少有人愿意为成功付出努力。那些成功者之所以会成功，是因为他们即使害怕也会行动，而大多数人正是因害怕而没有作为。约翰·沃纳梅克——美

国出类拔萃的商业家这样说过："没有什么东西是你想得到就能得到的。"成功的人与那些蹉跎人生的人的最大区别，就是——行动！如果你能追溯那些成功人士的奋斗之路，你就会感叹："难怪他会做得这么好！"怎么样的行动能获得最大的成功呢？是马上行动！只要你敢于迈出别人不敢迈的那一步，你就能比别人快"半拍"，就能成为第一个吃螃蟹的人。因此，我们每个人要想成功，就应该做到敢为人先，就要认识到行动的重要性。现代乃至未来社会，执行力就是竞争力，成败的关键在于执行。

人生目标确定容易实现难，但如果不去行动，那么连实现的可能也不会有。没有行动的人只是在做白日梦，所以心动不如行动，勇于迈出行动的第一步，你成功的机会就会提高，而光想不做，那你将永远没有实现目标的可能。

当然，我们每个人都应该明白一个道理，说一尺不如行一寸，只有行动才能缩短自己与目标之间的距离，只有行动才能把理想变为现实。成功的人都把少说话、多做事奉为行动的准则，通过脚踏实地的行动，达成内心的愿望。但任何行动，如果没有一个明确的指引方向，都是无意义的。

张开怀抱去迎接可能到来的失败，才有可能获得成功

我们都知道，成功并不是一件容易的事，没有人能够一蹴

而就获得成功，大多数的成功都是在尝尽失败的滋味之后，历经艰辛才得到的。因为惧怕失败，我们常常裹足不前，不敢轻易尝试。当年轻气盛的时候，年轻就是我们的资本，我们完全没有必要担心失败。因为即使失败，也比止步不前更好。我们有很多好的想法和创意，听起来像是天方夜谭，其实都是金点子。假如把这些想法付诸实践，有相当多的主意会在实践中获得成功，从而成就我们的梦想。然而，因为担心，也或许是杞人忧天，我们选择了放弃。如果没有尝试，也就没有失败，我们的人生没有失败的阴影，却也失去了成功的希望。面对苍白无力的人生，当进入暮年的时候，相信大多数人都会后悔吧。

在这个世界上，有哪件事情是没有风险的呢？可以说，凡事都有风险。在人生之中，我们常常面临机遇，有时我们面临的是千载难逢的机遇。在这种情况下，我们必须张开怀抱去迎接可能到来的失败，才有可能获得成功。

古人云，失败是成功之母，还有人说，失败是进步的阶梯。的确如此，失败是值得我们感恩的。举个最简单的例子，每个人在学校的时候都经历过无数次考试，对于考试中出错的地方，老师在讲解的时候总会说"这次错的同学只要认真订正，下次就不会再错了"。事实就是如此，这次错的题目，在用心地听老师讲解并且订正之后，就留下了深刻的印象，再也不会出错了。人生也是如此。很多父母或者长辈总是对孩子各种限制和叮咛，生怕孩子走自己年少之时走过的弯路。实际

上，有些错误是别人无法替代的，父母曾经犯过的错，不代表
孩子也有了免疫力。只有孩子也犯了同样的错误，他才会反思
自己，不再把父母的叮嘱当成耳边风。

勇敢地去尝试吧，趁着年轻，趁着一切都可以重来，即使
失败了，也无怨无悔，反而心怀感恩。当你失败的次数越来越
多，你会发现自己距离成功也越来越近。伟大的科学家爱迪生
在发明电灯的过程中，为了寻找合适的材料当灯丝，试验了成
千上万次。可以说，他的成功就是由失败累积起来的。当然，
这里所说的拥抱失败并非让大家在做事情之前不考量，而是说
在深思熟虑的基础上，预估最坏的情况和最好的情况，然后勇
敢地去尝试。时刻谨记：尝试，还有成功的机会，不尝试，则
连失败的机会都没有。人生就是一张白纸，我们从白纸起步，
不停地积累经验。很多情况下，推动我们进步的恰恰是一次次
的失败。与其让金点子停留在空想阶段，不如勇敢地将其付诸
实施，这样一来，即使失败了，也是切身经验，也能让你之后
的想法更加成熟和可行。

失败是成功之母，失败是进步的阶梯。当你学会从失败中
汲取经验和教训，你就能踩着失败的阶梯获得极大的进步。失
败，是一次反省自身、完善自身的好机会。

一旦怯懦，就困住了你的心

人常说，在成人的世界里没有"容易"二字。生活不易、成事不易，要想改变自己，改变现状，更是困难。也许你也曾听到过这样的话："难道我不想改变现状，让家里暖和点，老婆穿好点，孩子吃好点吗？但你知不知道，拖家带口的压力有多大啊！""换个工作，另谋高就，你知道风险有多大吗？如果失业两个月，我一家老小都得挨饿！""先在这里将就着干吧，虽然待遇不高，但都混熟了，出去和陌生人打交道，太累了。""去创业，除非我疯了，现在温饱不愁，老婆孩子热炕头，还瞎折腾什么啊！"说这些话的人就生活在我们的周围，也许就是你的邻居或朋友，如果你问他们："想要白手起家，创建一番事业吗？"他们多会点头应允，有些人还会夸夸其谈一番。但如果让他真的按照自己说的去做，恐怕就难为他了，诸多借口早已如锁链一般绑住了他们的手脚，更困住了他们的心。

但从他们的嘴里，我们偶尔还能听到这样深感后悔的话语："嗐，当初如果我做了那件事，现在早就发财了。"

人生的最大魅力就在于不能重来，记得有位哲人说，人一生最重要的是六个字：不要怕，不后悔。年轻时我们为了人生的美好和绚烂而无畏拼搏，所有的艰难险阻都不在话下。"不要怕"，我们才能有胆识成就大事。年老时，我们不为做过的和没有做过的事情而后悔，"不后悔"取决于年轻时的不断尝试。我们的生活像波涛汹涌、起伏无常的大海，只有不畏艰险、勇往直前者方能到达理想的彼岸。一个想有所作为的追梦人，首先需要的是直面纷繁复杂的社会的勇气及敢闯敢干的精神。只有什么都不怕，才会什么都敢闯，才能体会到拼搏带来的乐趣，才能享受到拼搏带来的成功。

自古以来，英雄多出身寒门。现在诸多富翁也都是白手起家。预想在现代社会闯出一番大业，做一个真英雄，就不要怕出身低贱，不要怕囊中羞涩，不要怕少知无术，不要怕失败挫折，看准的路就大胆走，看准的事就大胆做。即使不能有一番轰轰烈烈的成就，也会在跌跌撞撞中给生命留下一些鲜活的记录。

对于充满自信的成功者来说，他们总能想办法突破眼前的困境。他们做事不瞻前顾后、犹豫不决，总是积极尝试。对于普通人来说，有时候我们之所以害怕困难，是因为我们只看到了事物消极和困难的一面，自己吓着了自己。以下名人的经历足以说明这个道理。

一天下午，艾森豪威尔从学校回家，一个同他年龄相仿的粗壮结实的男孩在后面追他。艾森豪威尔不敢迎战，只想逃跑。

艾森豪威尔的父亲看见后，冲他大喊："你干吗容忍那小子追得你满街跑？"

艾森豪威尔当即委屈地反驳说："因为我不敢还手；而且不管输赢，结果都是挨你的鞭子。""别为自己的懦弱寻找借口，去把那小子赶走！"

有了父亲这话，艾森豪威尔还怕什么？他猛地转回身，怒发冲冠。那个追赶他的男孩被艾森豪威尔的突然反击吓坏了，他慌忙地夺路而逃。

通过这件事，艾森豪威尔悟出一个道理：一个人如果没有足够的勇气和信心，干什么都缩手缩脚、患得患失，就不会成为一个杰出的人。

困难在弱者的想象中会被放大无数倍，而事实上，当你走出了第一步，直接面对它时，你就会发现事情并没有想象中那么难。

阅历丰富的人往往能领悟到，有些事情我们并不是因为难而不敢做，而是因为我们不敢做才变难。美国总统罗斯福曾说过一句名言："我们唯一值得恐惧的就是恐惧本身，那会让我们莫名其妙地胆怯，会让我们为前进所付出的努力付诸东流。"

林肯去世之后，他的朋友在整理他的物品时发现了林肯写过的一封信，信里叙述了这样一个故事：

"我父亲在西雅图有一处农场，农场的地里面有许多石头。有一天，母亲建议把这些石头搬走。父亲说，如果可以搬走的话，主人就不会卖给我们了。有一年，父亲去城里买马，母亲说让我们把这些碍事的东西搬走，好吗？于是我们开始挖那些石头。没多久，就把它们都弄走了，因为它们并不是父亲想象的埋在土里的山头，而是一块块孤零零的石块，只要往下挖一挖，就可以使它们晃动。"

林肯在信的末尾说，有些事情人们之所以不去做，只是他们认为不可能，而往往许多不可能，只存在于人的想象之中。

成功者总是认为一切皆有可能。他们不会让自己主观的感觉来禁锢尝试的脚步，而是以没有不可能的决心去积极尝试，结果多数情况下总能换来好结果。相反，许多普通人缺乏积极的思考方式，没做之前仅看到困难的一面，而感到毫无希望，从而放弃了尝试的努力。因此，他们的人生也处于一种消极的状态。

还有一种人，他们可以说是普通人中的佼佼者，具有聪明的才智和敏锐的判断力，人际交往频繁，社会阅历丰富，有一定的金钱积累。但多年混下来，刚参加工作时什么样，现在还是什么样，毫无大的突破。有人不禁会问，这种人都不能出人头地吗？在诸多不确定因素中，有一项是肯定的，具备如此良好的条件仍然没有大的出息，主要是因为他们能干却不肯干。

肯干是一种积极的态度，一件事情看似谁都能做，但要想做好，要有踏实肯干、苦于钻研的精神。

马克曾是美国阿穆尔肥料厂的一名速记员，尽管他的上司和同事均养成了偷懒的恶习，可马克仍保持着认真做事的好习惯，认真对待每一项工作。

一天，上司让马克替自己编一本阿穆尔先生前往欧洲用的密码电报书。马克不像其他同事以往那样，随便编几张纸完事。而是认真编写了一本小巧的书，并打印出来，然后又仔细装订好。做完之后，上司便把它交给了阿穆尔先生。

"这大概不是你做的。"阿穆尔先生说。

"呃——不……是……"上司战栗地回答，阿穆尔先生沉默了许久。几天之后，马克就代替了以前上司的职位。

马克是普通人的代表，他并没有做出什么惊天动地的事情，他之所以能升职，就是因为他踏实肯干。

每个普通人都曾祈求成功，但真正能出人头地者毕竟是少数，人生中有诸多可能，因为有人不仅不安于现状，更会积极尝试。人生中又有太多的不可能，因为有些人在碰到棘手的问题时，只会考虑到事情本身的困难程度以及这件事是不是非常值得去做，在左思右想中毫无行动。

因为年轻，诸多事情都存在成功的可能。面对枯燥的生活和平庸的现状，谋求改变是有志者必然的选择。

敢于冒险，胆商高的人才能够把握机会

人生之路本就是一番冒险的旅程，从生下来开始，未知

的世界、陌生的环境、复杂的人群等都有危险因子存在。有人说，冒险是一切成功的前提，没有冒险就没有成功，甚至冒险越大，成功就越大。这话虽说有些偏颇，却是对白手起家者最好的鼓励。

作为白手起家者，如果不选择冒险，而是和许多人一样选择比较容易的方式生存，过平静的日子，那么我们就无法品尝到成功所带来的震撼、荣耀和幸福。

然而，虽然现实生活中的大多数人都懂得这个道理，但每当他们遇到严峻形势或需要冒险一试时，习惯的做法仍是小心翼翼、瞻前顾后，首先想到的是如何保全自己减少损失。而不是考虑怎样发挥自己的实力，抓住到手的机遇。

其实，富人并不比普通人聪明很多，学识也不一定比一般人广博。这些富人之所以能成功，是因为他们具有冒险精神或是敢想敢做的精神。世界的改变、生意的成功常常属于那些敢于抓住时机、适度冒险的人。

20世纪70年代，在陕西西安的一个郊县，八个农民在打井时发现了一个彩色的泥人头。他们看到后大惊失色，以为是挖出了土地神，纷纷逃离打井现场。回过神后，有人提议马上回去把彩色泥人头送回井坑，并烧香祷告，而且从此永不再提此事。但其中一个叫杨志发的农民却不同意这么做，他脱下衣服，把那个彩色泥人包起来，乘车送到西安市博物馆，西安博物馆不敢耽搁，马上送到北京鉴定，由此揭开了埋藏在地下几千年的人类文明——世界第八大奇迹：秦始皇兵马俑。

杨志发的名字也连同这个世界奇迹一起闻名中外。杨志发也因此成为秦始皇兵马俑博物馆的第一任名誉馆长。一个普普通通的庄稼汉靠着自己的冒险精神摇身一变成为"收入稳定"的公家人。

杨志发是第一个发现"泥人"的吗？不是。而且，在此前已有农民在打井、建房时发现过类似的"泥人"，但他们发现后都认为是遇到了妖魔，触犯了神灵，均缄默其口，立即又把它埋到地下。有的甚至把"泥人"吊在树上当成邪物鞭打，直至打碎为止。如果不是杨志发的勇敢和冒险，那么秦俑很可能目前仍埋在地下。

冒险被西方心理学家视为一种性格特征，它也是勇气和机遇的缔造者。敢冒险的人总是在冒险，不爱冒险的人总是求稳戒变。对于很多富人来说，冒险往往已成为一种具有鲜明特色的个人习惯。

成都人王克信奉"胆大走四方，危险出商机"的理念，他勇敢地冲出国门，把生意做到了动荡不安的柬埔寨和炮火纷飞的伊拉克。因为"胆大妄为"，他在短短的几年内积累了数千万资产。他的发家史又是怎样的呢？

当兵退伍后的王克被安排到政府机关工作，可是王克并不满足，渴望白手起家的他觉得每天待在机关里按部就班地工作太没意思了，于是在1994年，王克辞职自谋生路了。

初到柬埔寨，王克把目光锁定在生活用品的贸易上。为了减少开支，他每天骑着自行车四处推销。在推销过程中，王克还冒风险赊货给客户，销售额由此翻了好几番。从此以后，王克给一些大酒店、大超市送货都是自己开车去。有一次，在送货的过程中，王克遇到了警察与偷车贼的枪战，一颗呼啸而过的子弹距他的脑袋只有十厘米远。虽然这次冒险让王克后怕了好几天，但他做生意极高的信誉度却由此出了名。

几年下来，王克的总资产达到了五百多万美元。但王克并没有满足，而是将眼光放到了战火纷飞的伊拉克。从战争打响的第一天开始，王克就开始源源不断地向伊拉克输送生活物资。那时候，经常有不知从哪里飞来的流弹从他身边擦过，而火光和爆炸声更是近在咫尺。许多当地的生意人都经受不了这种时时的死亡威胁而退缩了，但王克却一直坚守在这片硝烟弥漫的土地上，继续着自己白手起家的伟业。

在白手起家的道路上，风险无处不在，有些聪明人，正是懂得这个道理，对未来的不测和风险看得太清楚了，所以把自己的人生和创业之路规划得过于平坦，不敢冒一点险，结果聪明反被聪明误，永远只能平庸而已。

对于普通人来说，经济基础薄弱，人际关系稀疏，为了白手起家赚大钱而冒险离开原有的安逸圈子，实在不是一件容易的事情。但你也要记住，对于那些害怕危险的人，危险无处不在。我们常说逆水行舟，不进则退。生活不可能一帆风顺和永远不变，我们要为了自己的财富梦想尽早努力、把握机会，还需在关键时刻冒险一搏。

1931年，哈默从苏联回到美国。此时，这位未来美国大富豪的商业王国的构造刚刚开始。

这一年，富兰克林·罗斯福即将登上美国总统的宝座。哈默通过深入研究，认定一旦罗斯福掌权，1920年公布的禁酒令就会被废除。哈默进而想到，到那时，威士忌和啤酒的生产量将会十分惊人，市场上将需要大量的酒桶用以装酒。酒桶并非一般木材可以制作，非用经过特殊处理的白橡木不可。哈默在苏联生活多年，知道那里有白橡木出口。于是，他又去了苏联，凭着他以往的人际关系，订购了几船白橡木木板运到美国。他在纽约码头附近设立了一间临时的酒桶加工厂，作为应急的储备。

后来，他又在新泽西州建造了一个现代化的酒桶加工厂，取名哈默酒桶厂。当哈默做这些事时，"禁酒令"尚未解除；当哈默的酒桶源源不断地从生产线上滚出来时，禁酒令被解除了。人们对威士忌的需求急剧上升，各酒厂的生产量随之也直线上升，但成问题的是需要大批酒桶。此时，哈默早已准备好了大量酒桶。生产酒的厂家有许多，而大规模生产酒桶的工厂却"只此一家，别无分店"，所以哈默制造酒桶获得的利润，大大超过了酒厂。

没有风险的生意早有人做，加入的人也会越来越多，要在同行业中出类拔萃难之又难，弄得再好，也不过是个殷实的、保守的小商人而已。当白手起家的机遇出现时，凭借科学的判断支撑你的冒险行动，就有可能兵不血刃地赢得一场财富战争的胜利。

蒙哥马利在他的回忆录中这样说："要取得成就有很多必要条件，其中两条非常重要，那就是苦干和正直。现在得再加上一条：勇气。"勇气是一个想获得成功的人必不可少的品质。一个没有胆识和勇气、不敢冒险一试的人，再好的机会到来，也不敢去掌握；因为不敢尝试固然也就没有失败的机会，但他也失去了成功的机缘与喜悦。

无数白手起家的富翁用他们的实际行动告诉后来的追逐者，只有胆商高的人才能够把握机会，没有敢于承担风险的胆略，任何时候都成不了气候。很多时候，成功的门都是虚掩着的，勇敢地去叩开它并大胆地走进去，才能探寻出究竟，这也正是白手起家的必经之路。

从容淡定，勇敢迎接挑战的到来

每个人都是有潜力的，而且每个人的潜力都非常大，甚至超乎人们的想象。因而在面对人生中形形色色的挑战时，我们完全没有必要畏缩不前，也不必因为面临挑战而显得紧张万分。正如古人所说的，兵来将挡，水来土掩，我们对人生也应该怀着这样的态度，勇敢迎接挑战的到来，做到从容淡定，顽强不屈。

对于每个人而言，挑战不仅能够验证能力，也意味着是否拥有勇气和信念。通常情况下，所谓的挑战都是超出人们能力范围的，也因而更具有激发潜能的作用。当一个人成功战胜挑战之后，一定会感受到自身的力量，也对自己产生巨大的信心。尤其重要的是，在完成挑战的过程中，我们还可以不断地提升自我，完善自我，从而使自己变得越来越强大。

有的时候，挑战还能激发出一个人不服输的精神，从而爆发出更加巨大的能量，使自己排除万难，顺利获得成功。我们无须担心的是，当一个人因为被激怒而迎接挑战，那么我们再也无须特意地激励他，因为他自己就会主动激发自己，战胜挑战，证明自我。

当年，纽约州州长爱尔·史密斯为了找到合适的人管理星星监狱，特意向刘易斯·劳斯发出邀请，没想到这个邀请让刘易斯·劳斯感到非常为难。原来，星星监狱是整个美国最为臭名昭著的一座监狱，位于魔鬼岛的西部，不但位置偏远，而且很难管理。在这所监狱里，充斥着各种各样的丑闻和黑幕交易，而且还有形形色色的政治斗争，形成让人难于应付的旋涡。为此，先后有几个监狱长任职没多久，就全都辞职走人了。其中有个监狱长居然只在任短短三周的时间，就仓皇而逃，再也不愿意回到这个让人头疼的地方。当然，刘易斯·劳斯也知道这一切，毕竟臭名昭著的星星监狱是业内人都尽所周知的。为此，他不知道是否能迎接这个巨大的挑战，毕竟这很有可能也使他的人生陷入被动之中，他可不想承担逃兵的罪名，更不想为此损失惨重。当然，他也知道一旦他能够战胜这次挑战，他马上就能名利双收，获得丰厚的回报，毕竟机遇与挑战总是并存的。

在经过一番仔细衡量之后，刘易斯·劳斯决定迎接挑战，他接受了爱尔·史密斯的邀请，如期到任。当然，他也采取了各种改善的手段，对犯人实行恩威并施、既威严也充满人道主义的管理。如此一来，犯人们在短短时间内就见识了他的厉害，也得到了他的恩惠，不但把那些不服从管理的犯人最终驯服，那些得到他恩惠的犯人更是彻底对他心服口服。最终，他还根据在星星监狱任职期间的经历创作了《星星两万年》这本书，受到了广大读者的欢迎和追捧，成了当之无愧的畅销书。由此，他实现了名利双收，也因此成为美国大名鼎鼎的监狱长，名留青史。

刘易斯·劳斯是人生真正的强者，所以在面对人生的挑战时，才能够无所畏惧地迎难而上，最终获得了巨大的成功。对于刘易斯·劳斯的选择，如果从保守的角度来看，已经功成名就的他显然没有必要冒这么大的风险，但是从人生不断进取的角度而言，他不仅是碍于州长的盛情邀请，更是为了挑战自我，提升自我，所以最终在经过认真权衡之后才会接受挑战。也因此他最终如愿以偿地得到了名和利，而且还出版了《星星两万年》的畅销书，可谓人生赢家。

朋友们，面对挑战，只要觉得自己的能力通过提升可以到达，千万不要因为畏难情绪的影响就轻易放弃。人之所以能够不断取得进步，正是因为在持之以恒地挖掘和发挥自身的潜能，也因而才证实自身的能力不可限量。曾经有心理学家证实，人的潜能是无限的。的确，生活中也有很多常见的事例证明了这一点，因而只要我们对自己有信心，端正态度、积极迎接各种挑战，就一定能够激发出自身的潜能，成为人生中真正的强者。当你感受到挑战成功带来的喜悦之后，你必然对自己更加充满信心，从而使得人生进入良性循环之中，不管是做人做事都更加信心十足，也使得整个人生都更加出彩。

义无反顾、勇往直前，方能收获美好人生

在人生的道路上，你是否有过这样的经历，那就是常常会感到迷惘和困惑，不知道自己的人生到底应该怎么去做才会有更美好的未来。有些人对于自己从事的工作谈不上喜欢，如同守着鸡肋一般地坚持着，最终也没有做得多么好。有的人不但

是对工作不喜欢，对于自己的整个人生都很不满意，但是他们又没有勇气当机立断去改变，只能这样坚持着，蒙混度日，当一天和尚撞一天钟。原本，他们以为是在欺骗生活，最终才发现自己一事无成，原来是在欺骗自己。

其实，对于人生的感觉，每个人都是不同的。有的人觉得人生很漫长，有的人觉得人生很短暂。其实，不管觉得人生是漫长还是短暂，这都是人们富有个人色彩的感受。实际上，要想在人生中有更好的成就和发展，不管人生是长还是短，我们唯一能做的就是抓住当下的每一天，努力把人生的分分秒秒都活得很精彩。若是为了逝去的昨日而徒劳悲伤，若是为了还未到来的明日而忧愁焦虑，我们就会连把握在手中的今日也失去了。而在昨天、今天和明天这三天之中，今天恰恰起到最重要的承上启下作用，一旦失去今日，当今日变成昨日，仍会是虚空的，当明日变成今日，仍会是黯淡无光的。因此，活在当下，是每个人都应该做到的事情。人生那么长，又那么短，而且充满了反复无常，没有任何人知道自己的人生将会在何时戛然而止。曾经有人提出，为了让人生没有遗憾，应该把人生中的每一天都当成生命中的最后一天去过。不得不说，这样的态度也会让人感到非常沉重。其实，只要把每一天都过好，过得没有遗憾，就可以了。

刘东虽然在当年高三填报志愿的时候就被父母强迫报考金融专业，并且在学习上出类拔萃，但是他内心深处对于文字的喜爱从未减退过。大学期间，离开了父母，刘东一边努力学好本专业知识，一边在网络上写连载小说。有一段时间，刘东的小说连载获得了很多粉丝的支持，这让刘东感到很高兴，也对自己的文字很有信心。其实，早在那时刘东就下定决心以后要写剧本。

毕业后，刘东在爸爸战友的安排下，进入一家银行开始实习，因为在工作上的出色表现，刘东得以留在这家银行工作。一个偶然的机会，刘东接到了一个剧组的电话。原来，这个剧组的导演无意间在网络上看到刘东的小说，对刘东的小说很感兴趣，希望刘东能够尝试把小说改成剧本，给他看一看。的确，这正如很多人所说的，八字还没一撇呢，对方只是感兴趣而已。但是，生平第一次接到导演的电话，刘东还是很激动的。他挂断电话就开始学习改编剧本，整夜都没有睡觉，终于改好了剧本的第一个章节。然而，等到刘东把这个章节发给导演看的时候，导演提出了很多切实的指导意见，这也让刘东意识到自己还有很大的成长空间，也需要继续努力。接连改过十几次之后，刘东的第一章剧本终于通过了，接下来的日子里，刘东一边工作一边改写剧本，但是进度很慢。导演催促了刘东好几次，最终给刘东下达了最后通牒："你能改好吗？要是改不好，我们就没有机会合作了。"刘东意识到这是个千载难逢的好机会，于是下定决心辞职。当然，他是瞒着父母这么做的。辞职之后的刘东可以全力以赴地创作，剧本的改写进度加快了很多。正在这时，父母得知了刘东辞职的消息，连夜赶到刘东所在的城市，质问刘东为何要辞职。刘东对妈妈说："我就是想辞职，我就是想创作。我高考的时候就告诉你们，我以后是一定要从事文字工作的，希望你们尊重我的选择。"说完，刘东还把自己改编的剧本给父母看。得知已经有导演看上了刘东的剧本，爸爸妈妈只好作罢。

如果刘东不能当机立断地辞职，那么，因为剧本进度缓慢，他也许真的会失去这个千载难逢的好机会。幸好，刘东对于自己想要怎样的人生有着清晰的目标和规划，所以他才能够在机会到来的时候抓住机会，才能在面对两难选择的时候作出果断的选择。

越是千载难逢的好机会，越是会悄然流逝。在生命的历程中，我们千万不要一味地停留和犹豫徘徊，而要不忘初心，牢记自己的人生目标，也要做到向着目标努力前进，即使遭遇坎坷和挫折也绝不放弃。记住，生命从来不会重来，只有不断地努力进取，只有全力以赴地前行，我们才能在人生的道路上有更好的发展，才能让人生在日积月累的过程中到达巅峰状态。如果你的人生之中没有义无反顾的精神，就不要抱怨命运亏待你，更不要抱怨你没有得到梦寐以求的收获。每一个人，要想在人生中拥有更加美好的未来，要想在人生的秋季收获丰硕的果实，就一定要义无反顾、勇往直前。

第六章

困难挫折，是人生路上历练自己的绝佳机会

因为挫折，人生才充满了精彩

有人说，虽然道路是曲折的，但前途是光明的，因此，在前进的路途中，我们永远不要对自己失去信心。人生的路途上永远不会是一帆风顺的，它总是充满了荆棘与坎坷，等着我们跨过去。如果你在人生的挫折面前选择逃避，那么你就永远错过了成功的机会。每一个人都要学会和挫折做朋友，当你把挫折当作朋友的时候，你就会发觉它并没有那么可怕，你就会鼓起勇气去战胜它。最初的人生是一张白纸，而挫折是白纸上点缀的星星，当你走完你的一生，再回过头来，你会发现正是那些挫折帮助你登上成功的顶峰，而你的人生也因为曲折而变得十分精彩。

波姬·戴尔是一位眼睛有残疾的女人，她只有一只满是疮疤的眼睛，只能靠眼睛左边的小洞来观察这个世界。而当她看书的时候，她必须把书贴近脸，然后努力将眼睛往左边斜。虽然她的眼睛是这样的，但是她拒绝别人的怜悯，她靠自己的心情来享受生活的快乐。

小的时候，她渴望跟其他孩子一样玩跳房子，但是由于眼睛的关系，她看不见地上的线。于是，她等伙伴们都回家后，自己一个人趴在地上，将眼睛贴到线上看来看去，并且牢牢记住玩的地方。不久之后，她成为玩跳房子的高手。读书期间，她把大字印的书紧紧贴在自己的脸上，她就是这样艰难地学习着。谁也没有想到，她凭着自己坚忍的毅力，得到了两个学位，分别是明尼苏达州州立大学学士学位和哥伦比亚大学硕士学位。

完成了自己的学业之后，她开始了自己的教书生涯，通过自己的努力，她不但成为文学教授，工作之余还在一些妇女俱乐部发表演讲，并在一家电台主持读书节目。她说："我脑海深处，常常怀着完全失明的恐惧，为了打消这种恐惧，我采取了一种快活而近乎游戏的生活态度。"

戴尔并没有因为自己只有一只眼睛而抱怨生活的不公平，而是愉快地融入人们的生活中。她甚至不需要人们的怜悯，而是希望自己看起来跟别人没有什么两样。事实上，她做到了，虽然付出了比常人多几倍的努力，但是她依然活出了最优秀的自己。她把自己身上被别人视作的不幸变成自己的幸运，并且乐于享受生活的乐趣，所以她能够在失明五十年以后通过手术重见光明。生活给了她太多的不幸，可是她并没有抱怨自己的命运，相反，她十分愿意享受生活带来的乐趣，所以生活也给了她同样的回报。

北欧有一句话，"冰冷的北极风造就了强盛的维京人"。上天把冰冷的北极风给了维京人，但是聪明的维京人没有因为北极风而丧失了生活的方向，而是更好地把北极风利用起来，所以他们变得十分强盛。当面对生活中的困难的时候，悲观的人只会怨天尤人、自暴自弃，甚至一蹶不振，所以失败总是紧紧地跟随着他们；而乐观的人就会思考，怎么把一些不利的条件转化得能为自己所利用，所以他们往往能够登上成功的宝座。

虽然逆境确实让人伤心落泪、痛苦难忍，给人带来心灵上的创伤和精神上的折磨，但逆境能磨炼人的毅力，培养人才，激发出人的潜能。我们都应该知道，人生的动力一半来自成功，另一半则来自失败后的不服输。

人生中的挫折并不可怕，重要的是你是否有战胜它的信心。面对挫折，我们要用自己最美丽的笑容去征服它，你笑得越灿烂，它就越是怕你，当你自信满满地从它身边经过时，它就会不战而退。有一天，当你回首往事，你会发现正是那些挫折让你的人生丰满起来、让你的生活丰盛起来。人生不会因为挫折而一蹶不振，相反，正是因为挫折，人生才充满了精彩。

挫折，能给你更强的生命力和竞争力

在《报任安书》中司马迁曾写下这样一段非常著名的文字："古者富贵而名摩灭，不可胜记，唯倜傥非常之人称焉。盖文王拘而演《周易》；仲尼厄而作《春秋》；屈原放逐，乃

赋《离骚》；左丘失明，厥有《国语》；《诗》三百篇，此皆
圣贤发愤之所为作也。"从中我们可以看出，古往今来，那些
成大事者都曾身处逆境、历经无数磨难。逆境出人才，经过挫
折锤炼，在逆境中成长起来的人具有更强的生命力和竞争力，
他们拥有成功和失败的经验，处世更加成熟。在他们眼里，失
败是一种财富。他们笑对失败，迎难而上。所以说，你的不
顺，正是上苍赐给你历练的时机，接受了上苍安排的逆境，勇
于和它抗衡，才能得到后期的发展。

　　一天，狮子找到了佛祖，说："感谢您赐给我雄壮身体和
力量让我统治森林。不过最近有一件事情困扰了我很久。今
天我来请求您，请您赐予我力量，让我每日不被森林里的雄
鸡吵醒。"

　　佛祖笑道："这个问题你应该去找老虎，它会告诉你方
法。"狮子听了高兴地跑到山上去找老虎，只见老虎正在洞中
急得跳脚，一副难以忍受的样子。

　　狮子问："你怎么了，为什么这么生气啊？"

　　老虎吼叫道："一只小蚊子，钻进我的耳朵里，难受死
我了。"

　　狮子听了不作声，默默地离开了老虎的家，心想："老虎
这么强大也会遭遇到困难和逆境，看来，雄鸡早叫，也是在提
醒我早起，这也不算是坏事啊！"

　　是啊，就像狮子一样，人们总是希望自己一帆风顺，没有

磕磕碰碰，生活顺风顺水，可是可能吗？即便你排斥逆境，它就能不存在吗？逆境真的没有一点好处吗？其实并不是这样，逆境是证明自己的最好方式，人们只有在逆境中才能更深刻地激发出自己体内的潜能，才能更加清醒地看清楚自己有多出色。逆境可以说是成功道路上必不可少的修行。

朋友们，我们要明白，身处逆境最忌讳的反应，第一是意志消沉，第二是焦躁不安，第三是惊慌失措、盲目挣扎。若是犯了这三项大忌中的任何一项，非但无法自逆境中脱困，反而会坠入万劫不复的深渊。我们该怎么做，相信大家已经非常明白了。

"当生命像流行歌曲般地流行，那不难使人们觉得欢欣。但真有价值的人，却是那能在逆境中依然微笑的人。"希望这首小诗能给处于逆境中的人们带来力量。总之，一个能够在一切事情十分不顺利时微笑的人，要比一个面临艰难困苦就要崩溃的人多占许多胜利的先机。

百糖尝尽方谈甜，百盐尝尽才懂咸

曾国藩说："吾平生长进，全在受挫受辱之时，打掉门牙之时多矣，无一不和血一块吞下。"只有不倒下，我们才有取胜的可能。如果经不起挫折，受不了历练，我们将沉埋在痛苦的生活里，永远没有希望，也没有前进的方向。其实，挫折带来的并不全是坏事，它能使我们的人生绽放出最美丽的成功之花，而从挫折中汲取到的教训将是我们迈向成功的垫脚石。当生活的华丽褪去，我们赫然发现：生活就是一块不平坦的磨刀石，我们每个人都必须经过它的磨蹭。这是因为，挫折造就了生活。

俗话说："行百里者半九十。"最后的那段路往往是一道难越的门槛，因为，在我们历尽艰辛、心力交瘁的时候，即使一个小小的变故或者障碍，也可能把我们击倒。这个时候，意志就显得至关重要。一个拳手曾经说："在受到对手猛烈重击的情况下，倒下是一种解脱，或者说是一种诱惑。每当这时，我就在心里对自己叫喊：挺住，再坚持一下！因为，我只有不倒下，才有取胜的可能，胜利往往来自'再坚持一下'的努力之中。"

没有经历过生活，自然不会理解出生活的艰辛；没有真正地经历过挫折，自然不懂得选择快乐的角度。一旦挫折来临就想要逃避这个世界，这本就是一种不负责任的做法。古人曰："百糖尝尽方谈甜，百盐尝尽才懂咸。"只有真正经历了生活而不倒下的人，才能放眼望世界，因为生活在挫折的打磨下会变得多姿多彩。

没有挫折，就无法成就优秀的你

在真正承受苦难的那一刻，我们的内心必然是痛苦的，甚至觉得自己仿佛无法坚持下去、熬过苦难。然而，无论多么难熬的人生阶段，只要我们不放弃，苦难终究会成为过去。正如一位百岁老人所说的，人生就是熬。确实，没有人的人生会一帆风顺，这也就注定了每个人都会遭遇人生的苦难，受到难以想象的磨难。熬过去的人最终战胜了苦难，向磨难投降的人则成为人生的失败者，从此只能向残酷的命运俯首称臣。难道我们愿意为了一时的怯懦而被命运彻底降服吗？那些熬过人生苦难的强者告诉你，一切的苦难一旦成为过去，就会成为人生最丰富的养料，滋养我们的心灵，让我们的心灵变得更加丰实充盈，也让我们的内心变得更加强大坚定。在这种情况下，当你再回首那些苦难，也许你会感谢它们曾经对你的磨砺，因为，没有它们，你就不可能成为今天的你。

一年有春夏秋冬四季，也有四时不同的风景，人们在不同的季节选择相应的劳作，春种秋收冬藏，唯有顺应大自然的规律，才能享受更好的生活。人生也是有规律的，既有顺境，也有逆境，甚至还会有让人觉得难以承受的灾难发生。然而，只要活着，这些磨难就难以避免，因此，我们除了勇敢面对，还能如何选择呢？即便选择退缩，选择回避，这些磨难依然存在，反而还会因为我们的消极抵抗导致情况更加恶化。与其如

此，我们不如勇敢积极地面对，有所作为，也许能够出现契机
改变命运。这才是智者所为。

作为美国历史上唯一连任四届的总统，罗斯福总统不但受
到了美国民众的深深爱戴，在全世界也声名显赫。然而，他的
人生并不平顺。小时候，罗斯福的生活衣食无忧，也受到了很
好的教育。然而，在他三十九岁那年，由于患了小儿麻痹症导
致双腿瘫痪，不能自如行走，对于一个正值壮年的男性来说，
这简直是灭顶之灾。然而，罗斯福并没有因此而放弃自己的理
想和信念，而是努力坚持锻炼，以求恢复行走能力。在佐治亚
温泉治病期间，面对疾病他始终欢声笑语，从未垂头丧气。也
正是因为他的顽强不屈，在经过一段时间的精心治疗和勤奋锻
炼后，他终于于1924年成功地拄着双拐重返政坛，并且在1928
年的竞选中，成功竞选纽约州州长。那些居心叵测的政敌们为
了击败他，经常以他的残疾为把柄攻击他，他却总是能够以卓
越的口才和真才实干，让政敌们的打击不攻自破。

1933年，罗斯福在总统竞选中以绝对优势击败胡佛，成功
当选美国第32届总统。自此以后，他纵横美国政坛十几年，直
到1945年去世。

罗斯福的一生是传奇的一生，他的不平庸来自他在磨难面
前始终保持坚韧不拔的精神，更不曾有过丝毫的妥协和低头。
倘若他在身患小儿麻痹症之后就自暴自弃，觉得自己的人生了
无希望，那么他又如何能够成就自己圆满的人生呢！由此可

见，强者和弱者，成功者和失败者，不同之处就在于面对人生的态度，不同的态度，也导致了人们截然不同的命运。

能够坦然接受人生磨难，并且把磨难夹在人生之中甘之如饴吞咽的人，是真正睿智的人。他们从来不向苦难屈服，并且能够坦然面对苦难，所以才能在人生的每一个阶段都很好地把控命运，成为命运的主宰者。

时间是疗伤的良药，任何苦难经过时间的发酵，都会变成人生的财富，帮助我们在人生之中得到更多的反思和收获。正是在这样的情况下，我们才能最大限度地发酵人生，使其在苦难之中渐入佳境。毋庸置疑，我们在顺境之中应该居安思危，避免得意忘形；在逆境之中也应该勇敢无畏，百折不挠，如此才能为人生寻找到更多的出路，更加接近成功。

真正经受痛苦，痛苦才会给我们带来深刻的人生感悟

古今中外，有很多诠释痛苦的语言，让我们意识到痛苦是生命中宝贵的财富，能够让我们更加珍惜生命，厚待生命。然而，别人的痛苦终究是别人的，即便我们再怎么设身处地，也无法真切地感受到他人痛苦的滋味。只有当我们真正经受痛苦时，痛苦才会给我们带来深刻的人生感悟，使我们的人生具有与众不同的领悟和体验。

宝剑锋从磨砺出，梅花香自苦寒来。小毛毛虫在成茧之后，才能破茧成蝶，飞到空中；顶风傲雪的腊梅，也只有在经历严寒之后，才能在风雪之中绚烂绽放。任何美丽的蜕变，都需要经历漫长而又痛苦的过程，即便是人生，要想获得新生，也必须经历重重磨难。

民间有句俗话，穷人的孩子早当家。这句话告诉人们，穷人家的孩子因为在小时候遭受了生活的磨难，所以更加懂得珍惜生活，往往能够在长大成人之后拥有美好的人生。与此相反，民间还有句俗话，叫富不过三代。通常情况下，富贵人家的孩子因为从小衣食无忧，不懂得生活的艰辛，所以不懂得珍惜来之不易的生活，因而导致家道中落。尽管这并非绝对，但是具有一定的代表性，由此不难看出，接受生活的磨难才能更懂得珍惜生活。因此，明智的父母在养育孩子的过程中，绝不会对孩子百依百顺，而是会刻意地让孩子领略生活的艰苦，这样才能帮助孩子树立正确的人生观念。此外，自然界里有很多动物，对待幼崽时都会有意识地提升幼崽们面对磨难的能力。细心的人总能从大自然中得到人生的启迪，并更好地把握好自己的人生。

很多动物在幼崽出生之后，都会马上低头寻找幼崽的位置，并且用舌头舔干净幼崽身上的污渍，然而长颈鹿妈妈却不是这样的。当千辛万苦地产下小长颈鹿，长颈鹿妈妈在耐心等待片刻之后，会马上抬起自己强壮的长腿，把小长颈鹿踢得腾空翻转，使其四肢朝下摊开。倘若小长颈鹿此时不能马上站立，长颈鹿妈妈就会毫不留情地重复这个简单粗暴的动作，直到刚刚睁开眼的小长颈鹿成功站起来为止。

由于小长颈鹿刚刚降临世间，非常孱弱，因而难免力气不足、无法站起来，甚至还会疲倦地趴在地上，不愿意继续尝试。这种情况下，长颈鹿妈妈一定会毫不犹豫地继续踢它，迫使它在成功站立之前不停地努力。待小长颈鹿以颤巍巍的四肢站起来，长颈鹿妈妈又会做出更让人惊讶的举动——突然伸出长腿再次把小长颈鹿踢倒。长颈鹿妈妈到底要干什么呢？原来，她想让小长颈鹿在不断练习站起来的过程中，记住如何才能站起来。在危机四伏的大森林里，如果长颈鹿不能在危急情况下以最快的速度站起来，就无法顺利逃生，摆脱危机。所以，长颈鹿妈妈此刻的残忍，恰恰是为了小长颈鹿日后的安危着想。

现实生活中，有很多父母对待孩子毫无原则的溺爱，远不如长颈鹿妈妈的爱更加理智！殊不知，对于孩子一味地溺爱，把孩子长久地庇护在父母的羽翼之下，不但会让孩子失去基本的独立生存能力，也会使孩子变得依赖父母，最终无法立足于社会。真正爱孩子的父母，会像长颈鹿妈妈一样训练孩子的生存能力，让孩子在失去父母的保护之后也能独自生存得很好，这才是教给孩子最宝贵的知识和技能。

温室里的花朵因为生活得太过安逸，丝毫经不起风吹雨打。人，如果也变得如同温室里的花朵那么娇嫩，就会经不起任何挫折和磨难。人生一切的成就都不会是凭空得来的，唯有坦然面对磨难，我们最终才能华丽蜕变，让自己的人生绚烂绽放。

顺应形势，才能找到最佳出路

每个人，在不同的人生阶段，都会有不同的人生境遇。随着时间的流逝，我们遇到的人和经历的事情，都会发生改变，在这种情况下，我们曾经设想好的一切，也会随之发生改变。因此，我们必须顺应形势，才能与时俱进，也才能及时调整自己的思路和态度，从而为自己找到最佳的出路。

读过名人传记的朋友们会发现，很多人之所以能够获得成功，并非因为他们得到了命运的眷顾，而是因为他们在人生之中不断尝试，因而最终找到了最佳出路。尤其是那些在某个独特领域做出特殊贡献、创造伟大成就的人，他们更是在尝试了很多次之后，才找到了人生的方向和出路。因此，对于那些抱怨生不逢时、时运不济的朋友，我们必须问问他们：面对人生的窘境，你们是否从未放弃，不断尝试呢？

很多时候，人是习惯于墨守成规的。尤其是当一切已经习惯成自然，我们更是会被固有的思维禁锢住，不知道如何才能打开自己的思路，让自己的人生豁然开朗。实际上，很多时候禁锢和限制我们的并非客观世界，而是我们的内心。我们无法挣脱内心的囚牢，就会彻底被人生禁锢住，再也无法展翅翱翔。所以朋友们，最重要的是要打破心底的桎梏，这样我们才能海阔凭鱼跃，天高任鸟飞。

很久以前，有个女孩高考失利，因此高中毕业后只能待在家里。后来，妈妈四处托人找关系，把她安排在村小里当代课老师。然而，当老师也并不容易，她走上岗位不到一个星期，就因为连最简单的数学题都无法讲清楚，最终被学生们赶下了讲台。她沮丧地回到家里，见到妈妈，不由得委屈得直掉眼泪。妈妈什么都没有说，只是告诉她："有人能把肚子里的东西倒出来，有人哪怕有一肚子的东西也倒不出来。所以，你不要伤心，你一定能够找到适合你的工作。"

在家里休息几天之后，她就和村里的小姐妹一起去了南方的服装厂打工。然而，她才干了不到一个月，就被老板辞退了。原来，那些女孩全都技术熟练，但是她却根本不会裁剪衣服，而且在流水线上也总是跟不上进度。看着失望而归的她，妈妈又说："没关系，那些女孩几年前就去服装厂打工了，她们自然轻车熟路。这么多年来，你一直在学校里读书，当然无法像她们那样信手拈来。"就这样，她接二连三地又换了很多份工作，她不但当过会计，干过市场管理员，甚至还去当了纺织女工。遗憾的是，她始终没有找到适合自己的工作，不管干什么都半途而废。

　　眼看着到了而立之年，她去了聋哑学校当老师。看着那些残障的孩子们，她心中的爱如同泉水般涌了出来。很快，她就成立了属于自己的残障学校，而且在全国范围内开了很多专门经营残疾人用品的连锁店。如今，她俨然事业有成，身价不菲。有一天，她突然问年迈的妈妈："妈妈，我这么多年，干什么都不行，您为何总是相信我呢？"妈妈笑着说："一块地，如果不适合种麦子，那么可以尝试着种豆子；如果种豆子收成也不好，那么就可以试着种蔬菜；假如种蔬菜也不合适，那么不如试试种瓜果。当然，最不济的情况下，还可以种荞麦。荞麦生命力顽强，总能够开花结果。总而言之，对于任何一块地来说，都有一粒种子适合它，它也必然有所收获。"她感动得热泪盈眶，原来这么多年来，母亲绵延不绝的爱浇灌了她这块地，使她最终遇到合适的种子，生根发芽，开花结果，硕果累累。这就是爱的奇迹。

　　这不仅是爱的奇迹，也是尝试的结果。在三十岁之前，女孩一直在尝试各行各业，却始终没有找到最适合自己的工作。直到三十岁，机缘巧合，也或者说是冥冥中有一种力量，把她带到聋哑人的学校，使她突然找到了最适合自己这片土地的种子。这样一来，她才能够发挥自身的潜力，最大限度地成就自己。

　　现代社会发展非常迅速，任何人要想在人生中有所收获，成就自己，就必须珍惜每次接触新事物的机会，从而不断提升和完善自我。当然，我们都不是神枪手，无法在第一时间就找到适合自己的工作，那也没关系，所谓年轻就是资本，趁着年轻，我们还有时间去不断尝试。只要我们拥有足够的耐心，只要我们坚持不放弃，我们最终一定能够找到生命力旺盛的种子，在我们的土地上生根发芽，从而最终成就我们辉煌的人生。

第七章

相信自己，自信能帮你扫清追梦路上的阻碍

丢掉自卑，让自信的阳光洒满心房

一位来自城里的记者询问在夜间忙碌的农民："为什么要在夜间翻地呢？"农民回答说："在夜间翻地，野草的生长率会降到2％，但若是让野草照到一缕阳光，它们便会快速增长，生长率高达70％呢。"听到这样的回答，记者当时就惊呆了，他被野草的生命之美感动。野草，本来是多少不起眼的小生命啊，但是，因为那一缕阳光的生命力，怀抱自信，冲破黑暗，沐浴阳光。就连野草这样弱小的生命都对自己充满了信心，而我们这些健全的人类，为什么要自卑呢？

由于自卑，或许他们本可以成为优秀人才，但是，因看不到自己的特长，不敢发挥自己的优势，最终只能碌碌无为。自卑，就好似一个陷阱，阻碍人们继续前进。因此，我们必须丢掉自卑，让自信的阳光洒满心房。

读过《简·爱》这本书的人都会被那个自信的女孩所吸引，在书中，家财万贯、性格孤僻的庄园主罗杰斯特为什么会爱上地位低下而又其貌不扬的家庭教师呢？答案其实很简单，因为简·爱自信、自尊，富有人格的魅力。正是这种自信的气质与魅力，使她获得了罗杰斯特由衷的敬佩和深深的爱恋。

拿破仑说："只要有信心，你就能移动一座山。只要坚信自己会成功，你就能成功。"可是，在生活中，拥有信心的人并不多。自信本身并不神奇，也不神秘，但是，如果你相信自己确实能够做到，自然就会信心百倍。

有人在研究当代世界名人的成长经历之后会发现，这些名人对自我都有一种积极的认识和评价，表现出相当的自信。坚定的自信心，不仅使人在事业上不断进取，达到既定目标，而且使人在性格上重塑自我，增添人格魅力。

低估自己的人，很难有什么成就

人们常说，骄傲使人落后，谦虚使人进步。因此，我们从小就戒骄戒躁，总是认为唯有谦虚，我们才能获得更大的进步，也才能让我们的人生获得更长足的发展。的确，谦虚能够帮助我们保持空杯心态，更加虚心进取，也最终使我们获得成功。但是，凡事皆有度，谦虚一旦过度，就变成自卑，变得和骄傲一样阻碍我们的进步。从某种意义上说，过度的谦虚和骄傲一样使人退步。尤其是在关键场合，人们经常因为自卑变得怯懦，不愿意在他人面前展示自己，也极度缺乏自信。长此以往，他们必然陷入自卑的陷阱之中而无法自拔，也因为害怕失败而与成功绝缘。

黑格尔是德国大名鼎鼎的哲学家，他曾经说："自卑总是和懈怠相伴而行。"从心理学的角度而言，自卑是一种性格上的缺陷，自卑者往往低估自己、缺乏自信，也因而妄自菲薄。纵观古今中外，细心的人会发现，每一个成功者都充满自信，他们相信自己有能力获得成功，并且为此不懈努力，最终才真正获得成功。因而，在追求梦想的过程中，我们一定要看得起自己，摆脱自卑的泥沼，才能展翅翱翔。记住，谦虚和自卑永远有着本质的不同，我们可以谦虚，却不能自卑，更不要妄自菲薄，因为别人无心的评价就轻易改变自己。我们要有足够的自信，相信自己是这个世界上独一无二的个体，这样才能帮助自己成就人生，收获快乐。

库伯作为美国大名鼎鼎的法官，任何人都难以想象出他年轻时是一个多么胆小怯懦的人。原来，库伯出身贫寒，他的父母都是贫穷的人，父亲是个裁缝，母亲则是个普通的家庭主妇，这也就注定了他们一家只能住在贫民窟里，而且一贫如洗。因为家里没有钱买煤块取暖，所以库伯从小就拎着一个破破烂烂的筐去附近的铁路上捡火车上掉落的煤渣，这让他觉得无比自卑。为了避免被同学们看到他的窘态，他常常绕道而行，从不为人知的小路穿过。然而，同学们还是发现了库伯的所作所为，因而他们等在库伯的必经之路上，竭尽所能地羞辱他、嘲笑讽刺他。有的时候，他们还会欺负他，把他辛辛苦苦捡到的煤渣撒得到处都是，可想而知童年时期的库伯始终生活在自卑和恐惧的阴影中。

　　一个偶然的机会，库伯读了《罗伯特的奋斗》这本书。在这本书里，他看到了一位和他出身相似的少年，少年始终没有向低微贫贱的生活低头，而是不屈地奋斗，最终战胜了一切困难，成为人生的强者。从此之后，库伯爱上了作者赫拉修的书，他总是想方设法地借来赫拉修的书，然后如饥似渴地读完。在几个月后的有一天，库伯再次去捡煤渣，当看到三个鬼鬼祟祟的身影跟在他的身后，企图再次欺辱他时，他原本情不自禁地想要逃跑，最终勇敢地抓起煤筐中的煤渣，就像一个真正的英雄一样勇敢无畏地朝着那三个身影走过去。这场硬仗之后，库伯彻底扬眉吐气，再也不害怕任何人的欺辱了。从此之后，他的人生字典中再也没有自卑二字。

　　库伯的成长经历决定了他的自卑胆怯和懦弱，然而，在受到书中人物的鼓舞之后，他的精神世界越来越充实。也因此，精神上的巨人让他成长为真正的巨人，使他在备尝生活的艰辛之后，变成了人生的强者。

　　无独有偶，大家都知道举世闻名的笑星卓别林，他在荧幕上给无数人带来了快乐。殊不知，卓别林刚刚开始从事演艺事业时，也很喜欢模仿他人，他总是模仿其他的笑星，但是最终毫无所成。广大观众希望从荧幕上看到与众不同的表演，而不只是看到盲目的模仿。意识到这一点之后，卓别林不再模仿那些成功的喜剧演员，而是发掘自己的特点，让观众们在荧幕上看到与众不同的自己。最终，他走出了自己的独特演艺道路，也才真正最大限度地发挥了自己的才能。

在这个世界上，每个人都是独一无二的个体，每个人都有自己与众不同的脾气秉性、性格爱好。我们唯有更爱自己，才能做到拥抱和珍惜生命。其实，对于任何人而言，坚持自我、高看自己一眼，都是难能可贵的品质。因此，我们每个人都要坚持自己，也要高看自己，不要盲目地模仿他人，更不要毫无原则和底线地改变自己，这样我们才能拥有与他人截然不同的独特人生，也才能赢得他人的认可和赞赏。做自己，这是我们最重要的人生目标。

自信会让你不断努力

我们都知道，成功并不是轻而易举就能获得的，但是，只要能够保持清醒的头脑和冷静的态度，并积极思考，就能寻找到人生的突破口，开创出事业上的一片新天地。所以，对于梦想，我们首先要做的是抛弃"不可能"的想法，因为自信会让你不断努力，产生源源不断的动力，正如石油大王洛克菲勒曾经说过的一句话："对我来说，第二名跟最后一名没有什么两样。"其次，要成功就要从小事做起，不断积累实力，向成功迈进。

高尔基有句名言："只有满怀自信的人，才能在任何地方都把自信沉浸在生活中，并实现自己的意志。"古往今来，成功人士虽然从事不同的职业，具有不同的经历，但有一点是共同的：他们对自己都充满自信，并由此激励自己自爱、自强、自主、自立。

埃及人想知道金字塔的高度，但由于金字塔又高又陡、测量困难，为此他们向古希腊著名哲学家泰勒斯求救，泰勒斯愉快地答应了。只见他让助手垂直立下一根标杆，不断地测量标杆影子的长度。开始时，影子很长很长，随着太阳逐渐升高，影子的长度越缩越短，终于与标杆的长度相等了。泰勒斯急忙让助手测出金字塔影子的长度，然后告诉在场的人：这就是金字塔的高度。

那么，生活中的人们，你们人生的高度该怎样来测算呢？实际上，无论现在你处于什么样的境况，只要你不甘于现状，并积极为未来思考、寻找出路，就没有什么达不到的目标，你要相信自己，你有资格获得成功与幸福！

很多人一直处于贫贱之中，为什么他们没能做出什么成就？如果一个人屈服于贫贱，那么贫贱将折磨他一辈子；如果一个人性格刚毅，敢于尝试、不怕冒险，他就能战胜贫贱，改变自己的命运。

生活中，失败平庸者多，除了心态问题，还有思维能力方面的因素，他们在遇到问题时，总是挑选容易的倒退之路。"我不行了，我还是退缩吧。"结果陷入失败的深渊。成功者遇到困难，他们能心平气和，并告诉自己："我要！我能！""一定有办法。"因此，我们的思维也需要做到与时俱进。有时候，可能你觉得你已经进入了死胡同，但事实上，这只是你没有找到出路而已。要改变事物的现状，就要运用思维的力量，思路一变方法来，想不到就没办法，想到了又非常简单，人的思维就是这样奇妙。

所以，如果你渴望成功，渴望获得荣誉，就不妨从现在起，开始积极思考如何实现你的目标，不要认为你办不到，不要存有消极的思想，你潜在的能力足以帮助你实现目标。

当然，除了要有积极的思维方式外，成功的另一大重要因素是注重基础的积累。

有人问洛克菲勒："成功的秘诀是什么？"他说："重视每一件小事。我是从一滴焊接剂做起的，对我来说，点滴就是大海。"的确，不关注小事或者不做小事的人，很难相信他会做出什么大事。做大事的成就感和自信心是由做小事的成就感积累起来的。一切的成功者都是从小事做起，无数的细节积累起来就能改变生活。成功者之所以成功，在于他们不因为自己所做的是小事而有所懈怠。

因此，生活中的人们，你始终要记住的是，无论你的目标有多大，你都需要从小事做起，从手头工作开始。平庸和杰出的差距就在于一些细节中，这是一个细节制胜的时代，对于自己的工作，无论大小，都要了解得非常透彻，数据应该非常准确，事实也应该非常精准，这样才能脚踏实地完成宏伟的目标。

的确，很多小事，你能做，别人也能做，只是做出来的效果不一样。很多时候，往往是那些细节上的功夫，决定着事情完成的质量。

毫无疑问，每个人都渴望成功。但成功要靠一步步的积累，一个人能否成就卓越，取决于他是否做什么事都力求做到最好，其中自然也包括那些平凡的小事。事实上，会利用机会的人，往往不是那些把机会奉为神明的人，他们从没把希望寄托在机遇上，他们知道，大事业是从小事开始的，他们明白，一砖一木垒起来的楼房才有基础，一步一个脚印才能走出一条成功的道路。

总之，无论你现在从事什么工作，你的职位如何，那种大事干不了、小事又不愿干的心理都是要不得的。要知道，没有人可以一步登天，当你认真对待每一件小事，你会发现自己的人生之路越来越广，成功的机遇也会接踵而来。能否把握细节并予以关注是一个人的素质体现与能力体现。

以绝对的自信和勇气，努力证明自己

生活中，我们要坚守心中的那块土地，因为它会给我们带来好运和奖赏。其实，坚守心中的那块土地，就是要相信自己，在任何时候。哲人说："面对任何问题都要持怀疑态度，以好奇的态度进行思考。"当然，对问题的怀疑意味着我们需要证明自己心中的想法是正确的，但这时候我们怀疑的应该是问题本身，而不是自己。在某些问题上，如果自己真的发现了端倪，我们所需要做的是努力证明自己，当然，这需要绝对的自信与勇气。

1900年，著名教授普朗克和儿子在花园里散步，他看起来神情沮丧，遗憾地对儿子说："孩子，十分遗憾，今天有个发现，它和牛顿的发现同样重要。"原来，他提出了量子力学假设以及普朗克公式，但是，由于他一直很崇拜并虔诚地将牛顿理论奉为权威，而自己的发现将打破这一完美理论，他有些怀疑自己的判断，最终他宣布取消自己的假设。不久之后，二十五岁的爱因斯坦大胆假设，他赞赏普朗克假设并向纵深处引申，提出了光量子理论，奠定了量子力学的基础。随后，爱因斯坦又突破了牛顿绝对时空理论，创立了震惊世界的相对论，并一举成名。

对自己的怀疑，常常会让我们失去成功的机会，或是让我们放慢前进的脚步。普朗克对自己的怀疑，使整个物理理论的发展停滞了几年。所以，任何时候，切莫怀疑自己，而应努力、勇敢地证明自己，这样我们才有可能登上成功的巅峰。

不管是学习中，还是生活中，面对强大的势力，面对重大的困难，面对许多的诱惑，我们是否需要坚守心中的那块土地呢？那块属于你特有的责任的土地，好好坚守它、经营它，说不定它会给你带来好运。总是不断地怀疑自己，这是缺乏自信的人所表现出来的特点。缺乏自信的人，他们不敢、甚至畏惧相信自己的想法和判断；缺乏自信的人，他们想办法证明的是自己是错误的，而不会证明自己是正确的，因为他们内心畏惧出错。怀疑自己，只会成为我们成功之路的障碍，只会使我们放慢前进的步伐，所以，对自己多一份自信，相信自己，千万不要怀疑自己，同时，我们应该鼓起勇气去证明自己。

抱着无比的信心，就可以缔造一个美好的未来

世界酒店大王希尔顿用二百美元创业起家，有人问他成功的秘诀，他说："信心。"而美国前总统里根在接受杂志采访时说："创业者若抱着无比的信心，就可以缔造一个美好的未来。"自信是成功的助燃剂，自信多一分，成功就可以多十分。爱迪生曾经试用一千二百种不同的材料做白炽灯泡的灯丝，但是都失败了，有人批评他："你已经失败了一千二百次了。"可是，爱迪生不这么认为，他却充满自信地说："我的成功就在于发现了一千二百种材料不适合做灯丝。"正是怀着这份自信，爱迪生最后获得了成功。那些成功者的经历，其实就是心理学中的"亨利效应"（因接受虚假的信息或刺激产

生了盲目的自信或积极的态度，从而表现出异乎寻常的正面效果），只要不放弃，那就没有什么不可能。

有一个美国青年叫亨利，他个子很矮，内心很自卑，三十多岁依然一事无成，整天坐在公园里唉声叹气。一天，亨利的好朋友找到他，兴高采烈地对他说："亨利，告诉你一个好消息！"亨利不相信，没好气地说道："我哪有什么好消息！"朋友高兴地说："真的是好消息，我看到一份杂志，里面有一篇文章，讲的是拿破仑有一个私生子流落到美国，这个私生子又生了一个儿子，他的全部特点跟你一样：个子矮矮的，讲的是一口带有法国口音的英语……"亨利半信半疑："真的是这样吗？"亨利不愿意相信这是事实，可是，当他拿起那本杂志琢磨了半天后，他终于相信了自己就是拿破仑的孙子。

这一发现让他完全改变了自己的内心，以前，亨利觉得自己个子矮小，非常自卑，现在，他开始欣赏自己的这一特点，他心想："矮个子有什么不好！我爷爷就是靠这个形象指挥千军万马。"以前，他觉得自己的英语讲得不好，像个乡巴佬一样，但是，现在，亨利为自己拥有带法国口音的英语而自豪。亨利变得无比自信起来，每当遇到困难的时候，亨利就对自己说："在拿破仑的字典里是没有'难'字的。"就这样，亨利一直相信自己就是拿破仑的孙子，他克服了一个又一个的困难，三年之后他成为一家大公司的董事长。后来，亨利请人去调查自己的身世，发现自己其实并不是拿破仑的孙子，但是，亨利说："现在我是不是拿破仑的孙子已经不重要了，重要的是，我懂得了一个成功的秘诀——人生不能没有自信。"

心理学研究中把这种由外界某种刺激的作用下，激发了一个人的自信心，使人重新振作，努力实现自己的志向的社会心理现象，称为"亨利效应"。自信心是一个人对自己力量充分估计的一种自我体验，是自我意识的能动表现。每一个想要成功的人不可能缺少强烈的自尊心，艺术大师徐悲鸿曾说："人不可有自负，但不可无自信。"如果说自卑是成功的敌人，那么自信就是成功的第一秘诀。

邓亚萍说："当运动员时什么事情都不用考虑，退役以后的生活和原来有很大的转变，对许多运动员来说，当训练成为习惯后，要让他坐下来读书，他是坐不住的，他没有主动性，或者说没有紧迫感。"而邓亚萍之所以能够转型成功，除了她能够调整了自己的心态，最关键的在于她始终抱持着"不放弃"的信念，她坚信只要自己不放弃追寻目标，那么就没有什么不可能。

一个自信心很强的人，他会相信自己的力量，无论什么样的困难与挫折都不能阻挡他前进的步伐，从而赢得成功。相反，一个缺乏自信心的人，他看不到自己的力量，看不到自己的优点与长处，在追逐目标的过程中，他失去了克服困难的信心和勇气，最终，他只能面对失败，而与成功失之交臂。人生需要有自信心，永远不放弃自己追寻的目标，那就没有什么不可能。

与其仰望成功者，不如做好自己

每个人都是一座高山，我们只需努力攀登属于自己的顶峰，而无须看着别人的成功垂涎。诚如一位名人所说，这个世界上没有两片完全相同的叶子，同样的道理，这个世界上也绝没有两个完全相同的人，这也就注定了每个人都有自己独特的人生，就连成功也与他人有着截然不同之处。在这种情况下，不管别人拥有多么大的成就，我们或许可以从他们身上受到启发，或许可以借鉴他们成功的经验，但是无论如何都不能盲目崇拜他们，更不能把他们成功的模式套用到我们自己身上。毋庸置疑，我们与他人有着很大的不同，不但脾气秉性、性格爱好不同，就连后天形成的人生观、价值观、世界观等也都完全不同。这就直接决定了我们不可复制他人的人生。

很多人都仰慕成功者，甚至恨不得按照成功者的道路再走一遍，似乎这样自己就能获得成功。其实，我们既然是自己的高山，也就无须仰视他人。对于任何人而言，套用他人成功的模式取得的成功，就像东施效颦一样可笑至极。与其如此，我们不如尽力摸索，使自己得到人生的馈赠。

实际上，成功只是一个相对的概念。对于一个千万富翁而言，也许再赚取几百万与成功没有丝毫关系；但是对于一个出身贫困的普通人而言，倘若能够依靠自己的努力赚取几百万，不但可以改变自己的命运，也能扭转家庭的困难局势，这就是成功。由此可见，成功恰如幸福，表现在这个人身上什么也不是，表现在那个人身上就是幸福。需要注意的是，成功的标准并非我们赚取了多少钱，拥有多高的权势地位，而是我们相比较自己而言有了怎样的进步和收获，是否真正实现了个人的价值。这才是成功之于每个人的独特定义。朋友们，在追求成功的道路上，永远不要套用他人身上的标准。只要符合我们自身的标准和定义，就相当于获得了成功。记住，你才是自己的主角。

在班级里，小鹏始终觉得自己活在李运的阴影中。原来，李运是班级里的大班长，班级里无论有什么事情都要李运负责，而小鹏呢，尽管是副班长，但是风头远远不如李运。有时候，只有在李运不在的情况下，人们才会想起他这个副班长。这次班委会竞选，小鹏一心一意想要成功竞聘大班长，不想，最终他还是屈居于李运之下，仍然是副班长。为此，小鹏郁郁寡欢，很不高兴。

妈妈看到小鹏愁眉苦脸的样子，问："宝贝，今天发生了什么不开心的事情吗？"小鹏忧郁地说："不管我怎么努力，我始终都是副班长。"妈妈仿佛猜透了小鹏的心思，笑着说："这是同学们对你的认可啊！"小鹏却丝毫提不起兴致：
"但是，我很想成为独当一面的正班长，为何我总是比不过李
运呢！"妈妈语重心长地说："你根本无须和李运争高下啊！
正班长有正班长的职责，副班长也有副班长的义务。任何情况
下，你只需要做好自己，而不用仰视他人。也许此时此刻，还
有很多其他同学羡慕你能以绝对优势的选票博得副班长的职务
呢，对不对？"妈妈一语惊醒梦中人，是啊，为什么要和李运
相比呢，只要做好自己，当好副班长就好啊！想到这里，小鹏
愁眉舒展，不由得笑了起来。

　　对于很多同学而言，副班长也是非常重要的职务，正是出
于对小鹏的信任，他们才把副班长的选票投给小鹏。小鹏能够
在接连几次班干部竞选中都获得副班长的职务，恰恰说明他担
任的副班长得到了同学们的认可。在这种情况下，小鹏完全没
有必要自寻烦恼，硬要和正班长李运争个高下。现实生活中，
每个人都有自身的定位，也有自己特定的角色。与其把目光放
在他人身上，徒劳地羡慕他人，不如更加努力地扮演好自己的
角色，做好自己的本职工作，这才是我们每个人都应该做的。

第八章

放弃安逸，才能换来梦想的尽早实现

享受安逸，就无法铸就人生的辉煌

古人云，由俭入奢易，由奢入俭难。同样的道理，一个习惯了安逸生活的人是很难拼尽全力去奋斗和拼搏的。所以，我们每个人在应该拼搏的年龄，千万不要选择安逸，否则我们就会改变人生的轨迹，甚至因此而失去一生的幸福。有一点可以肯定，那就是每个人都喜欢安逸，都希望能够在安逸之中享受人生，遗憾的是，安逸不能帮助我们铸就人生的辉煌，更不能帮助我们收获属于自己的成功和幸福。

人生就像是一场没有归途的旅行，虽然有预先设定好的路线，但是各种意外的状况层出不穷，频频发生，导致我们计划不如变化。为了不给自己留下遗憾，我们应该尽情地享受这场旅行，需要注意的是，千万不要因为劳累而停下奔波忙碌的脚步。否则，我们非但无法距离目标越来越近，反而有可能事与愿违，距离目标越来越远。在这种情况下，我们如何能够获得长久的幸福呢？也曾有人说，生命是一场华丽的冒险，充满了无数的未知与变放，简直就是探险家的乐园。虽然我们不是探险家，但是我们应该努力成为探险家，这样我们才能在幸福到来的时刻安然享受，于心无愧。试问，一个旅者如果始终在第一站的驿站休息，又如何能够领略人生旅途中别样的风景呢！

现实生活中，有多少人之所以一生都碌碌无为，就是因为他们在苦难和挫折面前选择了放弃。一个真正的旅者，不会因为随时而来的风霜雨雪停下脚步，也不会因为脚底的泥泞而止步不前，他们一定会非常勇敢地面对未知的旅程，甚至张开双臂迎接它们的到来。现实社会中，很多追梦人都选择了安逸的生活，这也是很多大学毕业生选择回到家乡过按部就班的生活的原因。然而，也有少部分追梦人选择了闯荡，并非他们不愿意享受幸福和安逸，而是因为他们深知只有在最好的年纪不遗余力地拼搏，人生才会更加圆满，才能获得长久的幸福。不得不说，这样的追梦人是有远见的，他们站得更高所以看得更远，也由此决定了人生的大格局。

大学毕业后，马波选择回到云南老家的县城工作，龚娜则选择去了遥远的北京。这一对从小青梅竹马的好伙伴就此分道扬镳，原本若隐若现的情谊也随着距离的拉伸而渐渐消失于心底。十年过去了，马波俨然成为一名中年男性，过着最普通的日子，每天朝九晚五，按部就班，孩子也已经能打酱油了。在十年的同学聚会上，当看到这个有些秃顶且大肚凸起的男人时，龚娜不由得感慨万千。曾经，她在心底里爱着这个男人，如今他已经老了。

龚娜呢，比十年前更显得富有青春活力。如今的她与十年前已然不可同日而语，已经胜任公司大区总监的她虽然还没有结婚成家，但是身后排长队的追求者不是这个公司的高管，就是那个公司的老总，马波的谈吐修养、身份地位自然和这些男人不可相提并论。想到这里，龚娜有些惆怅，就像是看着自己曾经青春的梦如今已经老得像一个皱皱巴巴的核桃，她心里酸酸涩涩的。在聚会进展过半时，龚娜终于忍不住，问马波："难道你就没有想过改变一种方式生活吗？现在的生活其实更像是养老啊，有些为时过早了吧！"马波无奈地笑了，说："我的生活当然不能与你的相比，不过对于我们这些留在老家的人来说，生活还是很满足的，毕竟衣食无忧，也很安逸。"听了马波的话，龚娜觉得自己心底里的梦彻底破碎了，想了想又不免觉得释然："归根结底，每个人都有属于自己的人生。"

在应该拼搏的年纪选择了安逸，整个人生也就会像是退休人员那样，变得死气沉沉，毫无新鲜的感觉。大学毕业十年之后再聚首的龚娜和马波，俨然已经属于不同的生活层次，一个正如奔驰的列车马力十足，一个则俨然如同泄气的火车，已经进入平稳阶段，让人完全无法提起任何兴致来。人生就是如此神奇，每个年龄段都有每个年龄段该干的事情，这是生命的自然规律，也是人生成功的秘诀之一。

年轻的朋友们，我们可以因为兴趣爱好从事一项工作，也可以因为一份野心挑战自己的极限，唯独不要为了安逸选择一份工作，否则这将会成为我们终生的囚笼，导致青春花季如垂暮之年，阳光变成阴霾。即便我们因为家人的期望想要找一份安稳的工作，也应该兼顾到自己的野心和人生。要想做到这一点，拥有长远的眼光必不可少。古人云，读万卷书，行万里路，虽然我们短时间内无法做到这一点，但是我们可以通过各种各样的方式开阔自己的眼界，诸如多读书，或者做一些有意义的事情，也可以走更远的路，到达生命的巅峰。总而言之，唯独不要在享受之中过分安逸，导致斗志全无，意兴阑珊，最终错失人生最值得珍惜的青春年华，也使得人生的列车误入歧途，影响一生的幸福大计。

拒绝懒惰，勤奋做事

当今社会，我们已经认识到时间的重要性，人的一生只有短短几十载，生命是有限的。如果我们浪费时间，工作和生活中总是拖拖拉拉，那么，最终只能白白浪费生命。而假如我们能充分利用自己的时间和精力，勤奋做事，那么，我们绝对可以做出更有价值的事情来。

生活中的你如果是一个懒惰的人，那么你大部分时间都在浪费生命，无所事事，即便是做一件事情，也是担心这个担心那个，或者找借口推迟行动，结果往往错失了机会和灵感，到了最后，你只能去羡慕那些因为勤奋而获得财富者。

拖沓、懒散的生活和工作态度，对许多人来说已经是一种常态，要想有所成就，我们就应该克服惰性，努力让自己变得勤勉起来。

在现实生活中，有许多人贪图安逸而不愿意吃苦受累，时间长了，就变得懒惰了。懒惰是生活中最大的敌人，许多悲剧的后果都是因懒惰造成的。命运的好坏完全取决于自己，假如我们选择了勤劳，那我们通过自己的努力一定可以得到幸福，即便只有一点点是自己创造出来的，那也是一种幸福；假如你选择了懒惰，那你将终生和不幸、厄运、灾难成为伙伴，永远会是一个失败者。

在美国底特律，有位叫珍妮的妇女，她曾经很懒惰，很多事都由丈夫做。但在一次意外中，她的丈夫去世了，悲痛的她不得不扛起家庭的重任。

珍妮必须要支付房租，还有两个孩子要养，面对这样的困境，她必须出去工作，但她只擅长做家务，所以她就选择了家政的工作。上午她将孩子送到学校后，就去为别人料理家务，晚上，孩子们做功课，她还要做一些杂务。就这样，懒惰的习惯渐渐被克服了。

在工作的过程中，珍妮发现，很多职业妇女都有这样的苦恼：没时间料理家务，于是她灵机一动，花了七美元买来清洁用品和印刷传单，为所有需要服务的家庭整理琐碎家务。这项工作需要她付出很多的精力与辛劳，她把料理家务的工作变成了专一技能，后来甚至连大名鼎鼎的麦当劳快餐店也找她代劳。

现在珍妮已经是美国九十家家庭服务公司的老板，分公司遍布美国很多个州，雇用的工人多达八万。

珍妮的成功事例告诉我们，人们的贫穷大多是由于懒惰、贪图安逸、不愿意奋斗而造成的。假如一个人不愿意奋斗，自甘过着贫穷的生活，那他就永远无法摆脱困境，连上帝也没办法拯救他。

有这样一句话："世界上能登上金字塔顶的生物只有两种：一种是鹰，一种是蜗牛。不管是天资奇佳的鹰，还是资质平庸的蜗牛，能登上塔尖，极目四望，俯视万里，都离不开两个字——努力。"若是缺少了勤奋的精神，即便是天资奇佳的雄鹰也只能空振双翅，而若是有了勤奋，即便是行动十分不便的蜗牛也可以俯瞰世界。靠着自己的双手去生活，比依赖别人要踏实得多。如何培养勤奋习惯呢？下面是几点建议。

1.良好的作息习惯

养成良好的作息习惯，早睡早起，作息规律。这一点自不必说，赖床是懒惰之本。最经典的办法——上闹钟。时下有很多创意闹钟，绝对有办法骚扰到你起床。

2.多运动

多运动，锻炼身体。随着生活方式、饮食结构的变化，肥胖人群逐渐增多，严重者直接威胁人体健康。而运动是应对肥胖的有力武器。另外，经常锻炼身体除了可以拥有健康的体魄，更能使人保持旺盛的精力，从而对懒惰说不。

3.时间计划

懒人都有拖拉的习惯，往往抱着"明日复明日，明日何其多"的想法。制订详细的计划，将时间规定好，把事情细分化。例如规定一个小时或半个小时内完成某项任务，或者把一件复杂的事情分几步完成，既提高了效率，又很好地解决了懒惰的心理。

4.积极暗示

懒惰的人中有一些是因为性格内向、不自信等心理状况引起的。他们从不爱、不敢与人接触交流慢慢发展成习惯性地懒得参加参与一些公众活动。这些人可以在房间布置名言警句，给予自己积极的心理暗示。

5.需要监督

懒惰的人大多是缺乏自律的，没有持续的执行能力，即使有一些经验方法与计划，也无法改掉懒惰的毛病。可以让自己的家人、同学、朋友、同事帮忙监督自己。

6.换个环境

有条件的话尝试换个生活环境或打破原有的生活规律。刚上学的孩子之所以懒得上作文补习班却对上游泳班很积极；外出旅行时之所以都能做到早起，主要还是由于周围的环境发生了改变。

在这个世界上，有太多懒惰的人，他们不思进取，总想着天上掉馅饼的事情发生在自己身上，最终却被自己的懒惰贻害一生。俗话说："早起的鸟儿有虫吃。"只要自己勤奋，那我们就一定会拼搏出属于自己的一片天空。

任何人，离开勤奋二字就很难有所成就

任何人要想获得成功，都离不开勤奋。即使天赋再高，如果没有勤奋努力作支撑，也很难做出一番成绩来。可以说，勤奋是通往成功的必经之路，正如人们常说的一句话，书山有路勤为径，学海无涯苦作舟。不管是对于学习，还是生活和工作，离开勤奋二字就很难有所成就。

对于懒惰的人而言，即使梦想再怎么远大，如果不能以勤奋的态度去落实，没有坚持不懈的付出和坚定的毅力，就无法获得成就。对于人生而言，懒惰就像是一座坟墓，让人永远窒息和无望。通常情况下，懒惰的人会常常给自己找借口，一旦遭遇任何风吹草动，就马上觉得心惊胆战。生活中有很多关于勤奋的俗语，诸如笨鸟先飞，早起的鸟儿有虫吃等。这些智慧的传承都在告诫我们只有勤奋才能赢得生活的馈赠。朋友们，从现在开始，让我们摆脱懒惰，变得积极勤奋起来吧！

晋朝的孙康从小就很聪明，而且非常勤奋好学。但是家中贫困，父母根本没有多余的钱供孙康读书。因此，孙康不得不白天下地干活，帮助父母分担家用，晚上才有闲暇时间读书。

然而，每天晚上点灯的油是一项巨大的开销，要是买了灯油，全家人就要饿肚子，所以他从来不提此事。也因此，当天彻底黑下来时，孙康还是无法读书。尤其是在冬季，天早早地就黑了，孙康在床上辗转反侧，根本无法入睡，因为他很心疼这白白流逝的时间。无奈之下，孙康只好利用白天的时间争分夺秒地读书，等到夜晚到来的时候默默诵读。

有一年冬天特别冷，几乎每隔几天就会降下大雪。一天夜里，孙康正盖着薄被蜷缩在床上轻声背诵，突然发现靠近窗口的地方非常明亮，孙康赶紧披上衣服走到窗口，发现原来外面存了厚厚的积雪，把窗口都映亮堂了。孙康欣喜若狂，赶紧拿起书跑到门外，借着微弱的雪光开始读书。他读了一会儿，不知不觉间手脚冻得冰凉，就站起身在雪地里跑一跑，再用地上的积雪搓一搓手，等到稍微暖和些了，就继续借着雪光读书。整整一个冬天，孙康每逢下雪的日子就读书，他沉浸在知识的海洋里，丝毫感受不到寒冷，也不知疲倦。即使在寒冬腊月，滴水成冰，他也从未停止学习。正是因为孙康求知若渴，所以他才能最终学有所成，成为晋朝时期著名的学者，彻底改变了自己的命运。

如果不是因为勤奋，孙康根本不可能改变自己的命运，更不可能成为大学者。从借助雪光读书这件事上，我们可以看出孙康是多么勤奋刻苦的学子。尤其是在艰难的岁月里，孙康更是从未放弃学习。生活在现代社会衣食无忧的我们，学习和工作的条件都非常好，更应该加倍努力，争取改变自己的命运。

在成功的道路上，懒惰的人总是被勤奋的人远远甩在身后，不但无法抢占先机，还会因为落后错失很多机会。所谓天道酬勤，命运只会眷顾那些勤奋的人，帮助他们实现人生的逆转。朋友们，从现在开始全力以赴，让勤奋成为一种习惯吧！只要我们一刻不停歇地积极进取，终有一天成功一定会属于我们！

细节是决定成败的关键

现代社会，还有哪个行业的独木桥上没有挤满竞争者吗？可以说，每个行业都充斥着竞争者，人们彼此之间互不相让，都想在独木桥上一夫当关，万夫莫开。为什么现代社会竞争如此激烈呢？究其原因，如今的大学毕业生越来越多，渴望走出家门进入社会广阔天地的人也越来越多。其实，大多数竞争者的客观条件之间并没有太大的差异，也许都是大学毕业生，也许毕业的院校都差不多，也许都富有野心想要成就未来，那么如何才能在这相差无几的竞争优劣中展现自己呢？归根结底，细节是决定成败的关键。

所谓细节，也许就是那些我们漫不经心的环节，看起来非常简单，也没有太高的技术含量，甚至只需要用心一些就能做好，但偏偏就是这些，拉开了竞争者之间的差距。对于一件事情，显而易见的地方每个人都会做得无懈可击，真正展现人们真实水平的，就是那些不甚引人注目的细节。无数的经验和教训告诉我们，也许百分之百的失败并非由于犯了百分之百的错误，而只是因为百分之一的疏忽。所以，面对如此激烈的竞争，职场人士要想获得成功，就要在他人不关注的细节之处下功夫。一个细节能够让你走向成功，一个细节也会让你全盘皆输，唯有端正心态严肃对待，我们才能毫不懈怠，时时处处注重细节，从而成就圆满人生。

王永庆很小的时候就表现出勤奋好学的特质。后来，因为家境贫困，无力供养他读书，他不得不辍学做生意。为了维持生计，王永庆十六岁的时候从老家来到嘉义开了一家米店，当时嘉义那个小地方已经有了三十多家米店，同行之间竞争非常激烈。由于王永庆没有大量的流动资金，所以他的米店位置非常偏僻，规模很小，因而毫无竞争优势。看到每天的生意都冷冷清清的，王永庆不由得着急起来。他渐渐意识到：要想让米店有立足之地，就必须在服务上下功夫。当时，大米还不像现在这么干净，总是掺杂着很多砂石，人们在做饭之前，都要淘好几次米，很不方便。但大家都已见怪不怪，习以为常。王永庆却从这司空见惯中找到了切入点，居然带着家人认真筛除了夹杂在米里的砂石，让主妇们不需要再进行烦琐的流程，就能为家人做出香喷喷而又毫不牙碜的米饭。

很快，王永庆的大米没有砂石的消息就四处流传开来，很多家庭主妇都特意来到他的米店购买大米。就这样，王永庆米店的生意越来越好，他成功地为自己赚取了人生的第一桶金。正是这段时间的收入，让他米店的生意取得了更好的发展和扩张。

我们都生于一个以细节制胜的时代。任何行业任何人，要想获得长远的发展，都必须关注细节。如海尔的服务为海尔带来良好的口碑，这也是以细节制胜的典范。老子曾说，天下大事，必作于细。这句话告诉我们，细节决定成败，只有把细节做到位，我们才能在人生之中赢得更多的好机遇。

一个粗枝大叶的人也许看起来豪放粗犷，但总是因为细节的不到位而不能尽如人意。在这种情况下，我们必须更好地注重细节，完善细节，让细节尽量完美，如此才能成就自己。正如一滴水也能折射出太阳的光辉一样，细节同样能够表现出我们与众不同的品质。朋友们，让我们改变心浮气躁的坏习惯吧，任何简单的事情，只有做到极致才能绽放异彩，为我们带来意外的收获和惊喜。每个人都想拥有完美的人生，殊不知，一切的完美都是由一个个细节的完美组成的。唯有把握点滴之处，才能更加趋于完美。否则，小小的懈怠也许能给你带来片刻的轻松，最终却会使你的人生距离完美渐行渐远。孰重孰轻，相信明智的朋友一定会做出正确的选择。

找到属于自己的路，不要一味追寻他人的足迹

但丁曾说过，走自己的路，让别人去说吧。但大多数人为了谋求稳妥和安全，都会自然而然地模仿周围的人。不幸的是，绝大多数人模仿到的却是，毫无热情地麻木工作、兢兢业业却进账微薄，以及努力地使自己成为和别人一样庸庸碌碌的人。他们没有勇敢地选择自己的路，也未曾体味过人生的另一种精彩。一味地追寻他人的足迹，就会成为大多数游荡在成功道路上的浪子，不知道方向，渐渐迷失了自己。

有位富翁曾说，白手起家其实很简单，你要找对适合自己的路，并在这条路上努力奔跑。就是这么简单的道理，很多人实践起来却云里雾里，找不到门路。有些一穷二白的普通人，在决定创业时还信心饱满，到事业起步后，面对资金的不断投入和生活压力的加大，心里的恐慌感加剧，头脑也会迟钝起来。他们开始怀疑自己所选择的道路是否正确，努力的劲头儿也就大大消减。

对于创业来说，有所突破并不太难，只要你找准自己的道路，并为此勤奋努力，就会享受自由翱翔的感觉，更能激发你的奋斗力和创造力。

格兰·透纳三十六岁时，他的成功已经成为美国的一个奇迹。但三年前，他不但一文不名，还破了产。他只受过初中教育，更不幸的是，他长了兔唇，说话不方便。但他非常善于在

不断的尝试中发现自己的能力。1967年他借了五千美元开了一家化妆品公司。

"这是最可能赚大钱的一个行业。"他说。于是他在佛罗里达州的奥兰多市租了一间小办公室。他把自己的公司取名为"柯西柯星际公司"。

经过勤奋的努力，透纳建立了一个覆盖全美的商业王国，地域横跨四个洲、九个国家，产品从直升机到唱片、假发。他的王国至少包括三十七个分公司，雇用了二十万名员工（多数是推销员）。根据透纳自己的估计，他对自己的王国百分之百地了解，他的身价在1亿~2亿美元。

透纳从一个穷孩子变身为一位亿万富翁，其中的艰辛并非几句话就能说清楚，但我们可以一目了然地看到，透纳虽然没有雄厚的背景，但他积极地发现自己的能力，找到了属于自己的起家之路。

伟大的成功学家卡耐基，同样在诸多磨难中找到了适合自己的路，才成就了人生的辉煌。

卡耐基小时候因为家境贫寒，不得不在自家的农场里干活。每天早晨他骑马进城上学，放学后便急匆匆地赶回家里，挤牛奶、修剪树木、收拾残羹剩饭喂猪……在学校，瘦弱、苍白的卡耐基永远穿着一件破旧而不合身的夹克，一副失魂落魄的样子。

1904年，卡耐基高中毕业后就读于密苏里州华伦斯堡州立师范学院。他是全校六百名学生中五六个住不起市镇的学生之一，他仍旧住在家里，每天骑马去上课。他虽然得到全额奖学金，但还必须四处打工，以弥补学费的不足。

后来，卡耐基发现，学院辩论会及演说赛非常吸引人，优胜者的名字不但广为人知，还被视为学院的英雄人物。这是一个成名和成功的最好机会。

但他没有演说的天赋，他参加了十二次比赛，屡战屡败。三十年后，卡耐基谈及第一次演说失败时，还以半开玩笑的口吻说："是的，虽然我没有找出旧猎枪和与之相类似的致命东西来，但当时我的确想到过自杀……我那时才认识到自己是很差劲的……"

经历失败后，卡耐基发奋振作，重新挑战自我。1906年，卡耐基的一篇以《童年的记忆》为题的演说，获得了勒伯第青年演说家奖。这是他第一次成功尝试，这份讲稿至今还存在华伦斯堡州立师范学院的校志里。

这次获胜，对他的一生产生了非常大的影响。他在后来的回忆中无不自豪地说："我虽然经历了十二次失败，但最后终于赢得了辩论比赛。"

卡耐基的生活和学习经历是比较辛酸的，但是他找到了自己的道路——演讲，并在这条道路上刻苦勤奋，屡战屡败，越挫越勇，最终成为一代演讲大师，其影响至今仍颇受关注。一本《人性的弱点》奠定了他世界级大师的地位。

每个人都有自己的优势和劣势，各方面都是天才的人是不存在的。不管你自身的条件有多差，只要你勇于走属于自己的路，就会拥有不平凡的人生。

举世闻名的发明大王爱迪生一生约有两千项创造发明，为人类的文明和进步作出了巨大的贡献。可这位伟大的科学家八岁上学，仅仅读了三个月的书，就被老师斥为"低能儿"而撵出校门。而且他一生的大部分时间都患有严重的失聪症。但是爱迪生工作刻苦，毅力超人，不仅发明了电灯、留声机等，还创办了很多家公司。

爱迪生的一生不能不说是成功的，虽然他没有接受正规的教育，身体还有疾病，却做出了常人无法想象的成绩，这不能不说是一个奇迹。

但是奇迹的取得，离不开爱迪生对自己道路的选择和他为之付出的汗水。爱迪生因为在火车上做实验而被打聋了耳朵，为找到合适的灯丝而试验了上千种材料……

这些近乎妇孺皆知的故事，告诉我们在自己选定的人生道路上勤奋，是达到成功的首要途径。尽管还有很多方式，但是做自己喜欢的事，并让它发挥价值本身就是成功。

所有的运气，都是努力的结果

生活中，我们常常羡慕他人得到好运气，因为他们总是轻而易举就能满足自己的愿望，实现自己的梦想。然而我们没有留意到的是，他们虽然现在得到了好运气，但是在此之前，他们却付出了很大的辛苦和努力，最终才能彻底改变命运，把握人生未来。

在这个世界上，没有一蹴而就的成功，更没有绝不坎坷的人生。

每个人在漫长的人生路上，都会遭遇很多困境，甚至陷入绝境。每当这时，我们就要牢记海明威笔下桑迪亚哥老人的那句话，"一个人并不是生来就要被打败的，你尽可以把他消灭掉，可就是打不败他"。的确，我们不管活得多么艰难，都不能轻易放弃，因为我们的放弃才意味着真正的失败。反之，假如我们在人生过程中始终心怀希望，坚韧不拔，那么我们就能够度过艰难坎坷的时刻，走到人生的坦途之上。古人云，天道酬勤，意思就是告诉我们，命运会眷顾那些加倍努力的人。也有人说，机会永远留给有准备的人，这句话也有着相似的提醒作用，意在告诉我们，一个人只有真正摆正自己的位置，时刻努力，准备着抓住转瞬即逝的机会，才能得到好运。既然如此，我们还有什么理由不努力，不奋斗呢？

生活中，我们常常听到他人抱怨自己命运不济，时运不佳，殊不知，命运并非上天注定的，更大程度上命运掌握在我们自己手中。我们唯有坚持不懈地努力，不管什么时候都满怀希望和勇气，才能最大限度地把握命运，从而为自己的人生争取到更多的机会。

曾经，有人看到寺庙里的大师每天都要敲打木鱼，不由得疑惑地问："大师，您在念佛的时候，为何总是敲打木鱼呢？"

大师反问："我虽然在敲打木鱼，实际上每一声都敲在人的心里。"

"即便这样，也可以敲鸡呀、牛啊之类的牲畜，为何偏偏要敲打鱼呢？"那个人还是不解。

大师笑着说："在人世间，鱼是最勤快的，它甚至不睡觉，终日瞪大眼睛游来游去。这么勤快的鱼儿，尚且需要敲打，更何况是惰性十足的人呢！"

当然，这只是一个寓言故事，但是却为我们揭示了深刻的道理。人的本性之中就饱含"懒惰"，很少有人能够抵抗得了懒惰的诱惑。举例而言，人很容易就被懒惰降服，诸如早晨赖在温暖的被窝里不愿意起来，起床之后又把该干的事情不断推迟和拖延。再如，对于人生的很多计划都无限延迟，导致人生计划最终落空，人生也毫无成就。不得不说，整个人类都面临"懒惰"的难题。假如我们能够战胜懒惰，那么我们的人生必然更加高效。

为了克服我们自身懒惰的毛病，我们就要像大师敲打木鱼一样，不停地敲打和鞭策自己。所谓天才，实际上就是勤奋的产物。正如鲁迅所言，"这个世界上哪里有天才，我只是把别人喝咖啡的时间用来工作而已。"人不是神，人无法随心所欲地完成所有事情。因而要想取得进步，我们就必须笨鸟先飞。尤其是在自觉自己不如他人聪慧的情况下，我们更要坚持不懈地付出，才能最终用自己的辛勤汗水换来丰厚的回报。正如前文提到过的，在这个世界上，只有蜗牛和雄鹰能够登顶金字塔尖。雄鹰能够登顶金字塔尖，这一点人们都很信服，但是蜗牛如何能够爬到金字塔尖呢！这使人很费解。但是只要认真思考和分析，我们不难发现，蜗牛之所以能登顶就是因为勤奋。一个人的成功固然离不开自身的学识修养以及外部的各种有利条件，但是更重要的是勤奋。如果缺乏勤奋，再聪明的人也无法获得人生的成就。

第九章

学会思考，实现梦想需要打开思路

独立思考，而不是盲从他人

一位心理学家称，每个人都容易羡慕别人，因为，在比较中，你总会发现比你优越的人。很多人不禁感叹，自己何时能赶上别人？世界著名的成功学大师拿破仑·希尔著有《思考致富》一书，在书中，他提出是"思考"致富，而不是"努力工作"致富。希尔强调，最努力工作的人最终绝不会富有。如果你想变富，你需要"思考"，独立思考而不是盲从他人。同样，年轻的朋友们，如果你希望在未来社会闯出一片天地，那么，从现在起，无论遇到什么，都要学会独立思考，切勿人云亦云。

在心理学上，有个著名的名词叫"路径依赖"，又译为"路径依赖性"，关于这个名词，涉及这样一个心理学实验：

有五只猴子，它们被放到一个笼子里，在笼子的上空，实验人员放了一串香蕉。众所周知，猴子是最爱吃香蕉的，看到香蕉，它们就伸手去拿，但此时实验人员会用水去教训"越界"的猴子，直到后来，再也没有一只猴子敢拿香蕉了。

再后来，实验人员又在这个笼子里放了一只新的猴子，替换原有的一只老猴子，新来的猴子不知这里的"规矩"，也伸手去拿香蕉，结果触怒了原来笼子里的四只猴子，于是它们代替实验人员执行惩罚任务，把新来的猴子暴打一顿，直到它服从这里的"规矩"为止。

实验人员不断地将最初经历过水惩戒的猴子换出来，最后笼子里的猴子全是新的，但没有一只猴子再敢去碰香蕉。

起初，猴子怕被新来的、不懂规矩的猴子牵连，不允许其他猴子去碰香蕉，这是合理的。但后来人和水惩戒都不再介入，而新来的猴子仍固守着"不许拿香蕉"的规则，这就是路径依赖的自我强化效应。

其实，我们人类何尝不是如此呢？当我们接受某个观念或某种行为模式后，便也开始给自己限定条条框框，然后盲从于这种既定模式。然而，新时代的朋友们，如果你想有所突破和创新，想要真正获取知识，你就必须要有质疑的精神。

依赖足以抹杀一个人意欲前进的雄心和勇气，阻止他用自己的努力去换取成功的快乐。依赖会让人们日复一日地滞足不前，以致一生碌碌无为。过度依赖，会使自己丧失独立的权利，会给自己的未来挖下失败陷阱。每一个追梦人早晚都要脱离父母走向社会，因此，你有必要把培养自己的自主能力放在突出的地位，并且明白，一个人的自立，要从思想上开始，也就是独立的思考能力。

那么，你该如何避免人云亦云、不假思索的毛病呢？该如何养成遇事多思考、认识自己也认识别人的习惯呢？这就需要"质疑"，创造性思维的关键即在于此。

年轻的朋友们，看到这里，请做个练习：列出一张清单看看自己的日常习惯，质疑其中的每种习惯。不人云亦云，不盲从，你才能做自己，才能真正长大成熟！

吃别人嚼过的馍是没有味道的

在心理学上，有一种心理叫作从众心理。所谓从众心理，指的是独立的个体很容易受到外界人群的影响，从而改变自己的行为，使其符合公众舆论或绝大部分人的行为方式。在现实生活中，从众现象非常普遍，大多数人都有从众心理。

为了研究从众心理，学者阿希曾经进行过一个实验，结果证实，测试人群中只有极少数的被试者能够保持独立性。一般情况下，比较独立、有主见的人很少发生从众行为，而发生从众心理的人大多数都缺乏主见，喜欢随大流。我们不能说从众心理是好的还是坏的，然而，唯一确定的是，大多数成功者都是独辟蹊径、与众不同的人。那些成功者往往能够跳出寻常的思维定式，有着使人耳目一新的做法以及想法。毫无疑问，假如一个人墨守成规，就不会有什么太大的成就。鲁迅先生曾经说："吃别人嚼过的馍是没有味道的。"确实，在茫茫无边的大千世界中，只有冒出尖来的钉子才能引人注目。

世界始终处于变化之中，凡事都在不断地发展，所以，我们应该用发展和变化的眼光去把握身边的一切事情，作出最正确的决断。举一个最简单的例子，现在有两片桃林，绝大多数人都走进了其中的一片桃林，只有极少数人走进了另外一片桃林，那么，你跟随谁呢？从众者会选择跟随大多数人，然而，因为前面已经有很多人采摘过桃子了，所以给你留下的桃子很少。与此相反，少数人进入的另外一片桃林，正是因为前面摘桃子的人少，所以后来者反而能够有更多的收获。虽然这个例子非常浅显，其中蕴含的道理却是明白无误的。由此可见，不管遇到什么事情，我们都应该进行思考和分析，从而作出最正确的判断，千万不要因为从众心理而影响自己的决断。

传说，公元前233年冬天的时候，马其顿的亚历山大大帝出兵攻打亚细亚。当他抵达亚细亚的弗尼吉亚城的时候，听到城里的居民们说有个非常著名的预言：几百年前，弗尼吉亚的戈迪亚斯王在他的牛车上系上了一个非常复杂的绳结，并且当众宣告，只要有人能够解开它，这个人就能够成为亚细亚王。从此之后，每年都有很多人特意赶来看戈迪亚斯的绳结。虽然各个国家的武士和王子都曾经试图解开这个绳结，但他们总是找不到绳头，他们甚至不知从哪里下手。

出人意料的是，亚历山大轻而易举地就解开了这个难题。人们带他去朱庇特神庙里看了这个神秘的绳结，亚历山大观察片刻之后，直接挥剑斩开了绳结，彻底解决了这个保存了数百载的难解之结。

逆向思维，让我们能人所不能

很多人都有了思维定式，不管是待人处事还是解决问题，都因循守旧地按照既有的思路进行思考，总是无法推陈出新，也很难独辟蹊径。其实，如果我们运用逆向思维的方式进行思考，那么我们就能够曲径通幽，不再沿袭旧有的方式，更不再受到陈腐思想的禁锢。

所谓逆向思维，顾名思义就是逆向进行思考的方式。举例而言，有很多人思考问题都是由因及果，当我们在进入思维的死胡同之后，不如改变方式方法，由结果推导原因，或许反而能够知道自己此时此刻应该如何决定和选择。当我们能够熟练运用这种思维方式时，就会发现很多问题都能迎刃而解，甚至困扰我们的难题也会水到渠成。

电视剧《芈月传》中，小小年纪的嬴稷在面对惠文王"攻韩还是伐蜀"的问题时，先是去了文人志士们辩论的地方，听取了各家之言，然后根据自身的判断，进行逆向思考，没有和大多数人一样主张攻韩，而是建议惠文王伐蜀，由此不难看出其过人之才。嬴稷也因此赢得父王的赏识，最终在武王去世之后回到秦国，和母亲芈月一起平定秦国的叛乱，攘外安内，把秦国治理得井然有序，国富民强。

很久以前，哈桑借给一个商人两千元钱，并且拿到了商人亲笔书写的借据。眼看还钱的期限就要到了，哈桑却突然发现借据不知道什么时候弄丢了，即便翻箱倒柜，也没找到。哈桑很着急，他很清楚那个商人的为人品性，如果自己拿不出借据，那个商人是不可能到期还钱的。思来想去，哈桑也没有想出好办法，在朋友纳斯列丁来访时，他把这个难题告诉了朋友。朋友想了想，说："这个问题好办，再让他给你写一份字据就好了。"哈桑苦笑着说："要是他能再给我写一份字据，我当然不为此发愁了。问题是一旦他知道我的字据丢了，一定会赖账的，又怎么会给我再写一份字据呢！"朋友笑着说："你现在就给他写封信，让他提前把借你的两千五百元还给你。"哈桑更加难以置信地看着朋友："他能把借我的两千还来就不错了，怎么可能还给我两千五呢！"朋友高深莫测地笑着，说："你只管这么写，其他的就不要管了。"

哈桑按照朋友所说的给商人写了一封信，提醒商人提前归还两千五百块钱，果然商人很快就回信了，信中写道："我向你借了两千块钱，而不是两千五。到期的时候，我会按时还给你两千块钱的。"就这样，哈桑如愿以偿地得到了商人的"借据"，再也不用担心商人因为没有借据而赖账了。

为了从商人那里得到借据，又不能直截了当地告诉商人他的借据丢了，因而纳斯列丁逆向思考，为哈桑想出了这样一个好办法，最终成功解决了哈桑的难题。现实生活中，像这样运用逆向思维的方法解决问题的例子并不少见，这也提醒我们，在遇到棘手难题而且常规方法不起作用时，尝试逆向思维，也许会有意外的惊喜。

尤其是对于很多特殊问题而言，与其根据条件推导结果，不如根据想要得到的结果逆向而为，推导出现在应该怎么做，这样反而能够事半功倍，使问题简单明了。中国古代司马光砸缸救人的故事就是典型的逆向思维，通常情况下人们救溺水之人总是想办法使其脱离水域，司马光急中生智，砸碎了缸，释放了水，也救了小朋友宝贵的生命，可谓聪明机智。只要是有心人，在生活中一定能够找到很多逆向思维的好方式，可以给自己的生活和工作带来更大的便利，或者提高处理事情的效率，可谓一举数得。

现代社会人才辈出，职场上竞争激烈，每个人都想脱颖而出，得到领导的赏识和重用。在工作的过程中，如果身边的很多同事都习惯于传统思维，而我们却能够运用逆向思维解决问题，那么一定可以鹤立鸡群，从而如愿以偿地得到领导的赏识，职业生涯的发展自然也更加顺畅通达。总而言之，每个人的人生之中都会遇到各种各样的难题，也会遭遇形形色色的困境，我们只有学会运用逆向思维，才能拓宽人生的道路；反其道而行的方式，也使我们能够独辟蹊径，事半功倍地解决问题。

思维变通，就能突破自我

所谓墨守成规，就是指坚持旧的思想和规矩等，坚决不改变。墨守成规是贬义词，用在现代社会，通常指人们思想僵化，不知道变通，也不能突破自我，始终生活在旧的条条框框里，无法超越自我，因此使得人生被禁锢住。在日新月异的现代社会，这样的为人处世方式，无疑是不受推崇的。

我们都处于一个飞速发展和变化的时代，时代要求我们必须与时俱进，才能跟得上时代的脚步，让我们自己得到进步和发展。但是偏偏有些人不愿意改变，而且拒绝接受新潮的思想和新鲜事物，这样一来无异于故步自封，也闭塞了自己的整个世界。如此一来，还谈何进步和发展呢！

人们常说，条条大路通罗马，这就意味着人们在处理和解决问题时，可以采取很多不同的方式。尤其是遇到难题时，更应该发挥发散性思维，突破旧有的传统思维，甚至还可以采取全新的办法去尝试解决问题，如此，也许能够柳暗花明又一村。正如一位伟人说的，不管是白猫还是黑猫，只要能抓住老鼠的就是好猫。我们也要说，不管什么方法或者途径，只要不违背做人的原则和底线，就是有效的方法和途径，就是值得推荐和使用的。

曾经，法国的科学家法伯进行过一个著名的毛毛虫实验。在实验过程中，他把毛毛虫们首尾相接地放在一个圆形花盆的边缘，让它们围成一个完整的圆。然后，他又在距离花盆十公分左右的地方摆放了一些毛毛虫最喜欢的食物——松叶。结果令人惊奇，这些毛毛虫首尾相连不停地围着花盆边缘转圈，没有任何一只毛毛虫爬到不远处的松叶那里享用食物。最终，它们在爬行七天七夜之后，都因为筋疲力尽和饥饿死掉了。从此，把跟着前面的路线走的习惯称之为"跟随者"的习惯，把盲目跟从习惯和思维惯性而做出反应导致失败结果的现象称为"毛毛虫效应"。

经历过第一次世界大战之后，法国开始研究能够抵御德意志联军进攻的防线。在1930年，马奇诺担任法国国防部部长，在与德国和意大利相邻的国境上建造了固若金汤的防御工事，世人皆称其为"马奇诺防线"。

马奇诺防线总长度达到约三百九十公里，是由一些相互独立的防御工事群组建而成的。这些防御工事群都有瞭望岗哨和防御主体，直接肩负着攻击任务的炮兵，一直躲在厚度达到三米的水泥工事内开炮，能够躲避敌人的弹雨和炮火的袭击。而且物资储备充足，即使在没有外援的情况下，也能够坚持三个月之久。并且，防御工事层层严密防守，外围还有铁丝网，可谓易守难攻。最妙的地方在于，这些相互独立的防御工事群之间，还能够通过电话线相互联系，形成了一张巨大的信息网。从表面上来看，马奇诺防御工事可谓登峰造极，没有任何薄弱的环节和地方。然而就是这个自以为固若金汤的防御工事，在

"二战"期间被德国法西斯的装甲部队攻破了，并且由此打开了德国通往法国的通道，使德国部队进入法国境内之后长驱直入。

如果不是自以为马奇诺防线一定能够抵御德国军队的进攻，也许法国国境之内的防守力量就会更强大，能够起到更好的抵抗作用。恰恰是因为人们过于相信这道防线的作用，才使得法国遭遇惨败，也使马奇诺防线成为了一个巨大的讽刺。从马奇诺防线溃败的历史事实上，我们不难看出，很多情况下，人们恰恰是被已经知道或者自认为掌握的事物局限了思维，由此受到禁锢。

现实生活和工作中，人们经常被已知的事物局限，导致自己根本不可能有所突破和创新。因此，对于积累或者借鉴的成功经验，我们更是应该努力保持一定的警惕态度，千万不要被其误导。要知道，世界在改变，万事万物都在改变，我们唯有坚持创新，才能找到属于自己的人生道路，拥有自己的辉煌人生。正如大文豪鲁迅先生所说，这个世上本没有路，走的人多了，也便成了路。办法总是人想出来的，我们唯有保持思维源源不断的动力，才能更加坦然地面对人生，另辟蹊径，避免墨守成规导致的禁锢和失败。

打开思路，放眼未来

如今的那些螃蟹粉们，一定非常感谢第一个吃螃蟹的人，因为正是有了第一个吃螃蟹的人敢为天下先的精神，如今人们的餐桌上才多了一道珍馐美味。我们不仅对于吃要怀着积极探索和尝试的精神，在思想上，我们更要打开思路，放眼未来，千万不要让自己的人生遭到禁锢。

遗憾的是，几千年来，统治者们为了控制人们的思想而特意设置的囚笼，都让人们的思想彻底失去了飞翔的翅膀，只能在囚牢中苟延残喘。而且，为了加深对人的控制，在氏族和封建社会，人们更被告诫，一旦触犯禁忌，就会导致整个部落的人都遭受厄运，因而更加深度地控制人们的思想和言行，从而使每个人都胆战心惊地活着，丝毫不敢逾越统治阶级制定的规矩。就这样世代传承，人们的思想受到越来越深的禁锢，已经习惯了被统治、被压迫的人们，再也无法打破心中的囚牢，敢为天下之先。

即便随着新社会的到来，人们依然难以摆脱中规中矩的思想。尤其是传统的教育观念，使得学校如同工厂加工精密零件一样培养出来的人才，全都整齐划一，尽管便于统一调配和管理，但是却因为缺乏思维的创新性和行动的果决性，最终变得墨守成规，因循守旧，也因此无法推动人生不断向前发展，更无法促进社会的进步。

从人的本性来说，对未知感到恐惧是一种本能的反应，也因而他们总是害怕未知，也不愿意尝试和冒险。殊不知，人类的历史进程之所以不断推进，就是因为总有一些先驱者能够不断挑战，他们敢于突破自我，也敢于作为人类的先驱和表率，更无所畏惧失败，因而才能最终博得人生的不断创新。倘若每个人都明哲保身，不愿意冒险尝试，那么整个人类的发展进程都会滞缓。尤其是如果人们一味选择退缩，虽然避免了失败，但是也同时失去了成功的机会，由此导致人生止步不前。让人感到欣慰的是，不管人群里有多少胆小怯懦的人，还有很多人依然冒险前进，甚至不惜牺牲自我，也要勇于尝试，勇敢创新。诸如提出"地心说"的哥白尼、伽利略，诸如不畏惧宗教势力的路德、加尔文，诸如提出"相对论"的爱因斯坦……这些伟大的人物之所以能够青史留名，就是因为他们敢于当第一个吃螃蟹的人。

大自然充满神奇，尽管时代发展到今天，人类文明极大进步，但人类在大自然面前依然非常渺小，不足为道。尽管人类的足迹已经遍布全世界的每个角落，但是对于生命的探索依然永无止境。总而言之，我们必须勇敢地扛起前进的旗帜，吹响前进的号角，才能更加充满自信地探索未知领域，也成为一切发展和进步的先驱力量。有些人或许会说，那些能够青史留名的人类先驱，无一不是天赋异禀、智慧和能力都超出常人的人，其实他们也并非真的与众不同，只不过他们敢于冒险，敢于争先，从来不畏惧当第一个吃螃蟹的人。朋友们，假如你也想要为自己的人生赢得与众不同的光彩，那么你就必须也要培养自己敢于突破的精神，这样的你才值得拥有特立独行的人生。

1943年，美国的约翰逊创办了《黑人文摘》杂志，经营艰难，很多人都不看好它的发展前景，甚至断言这个杂志很快就会山穷水尽。为了改善经营困境，约翰逊苦思冥想，终于想出了一个好办法。他在全社会发出征集令，号召大家撰写以"假如我是黑人"为题的文章，踊跃投稿。当然，要想把这篇文章写好，就必须把自己假想成黑人，从而才能站在黑人的角度考虑问题，体谅黑人的处境，从而深入探讨引发整个社会关注的种族问题。遗憾的是，征集令发出后，人们反响并不热烈，还有很多人对此产生了抵触情绪。这时，约翰逊想，如果能够请当时的国母——罗斯福夫人埃莉诺作为民众的表率，率先写出这样的文章，一定能够号召广大民众热烈响应。这样一来，对于黑人问题的解决是有很大好处的，而且也能够极大增加杂志的发行量。为此，约翰逊当即提笔给总统夫人写了一封信，恳求她能够在百忙之中抽出时间来写这样一篇文章。然而，罗斯福夫人以忙为理由拒绝了约翰逊，不过约翰逊毫不气馁，此后他坚持每隔半个月就给总统夫人写一封言辞恳切的信。

最终，当得知总统夫人因为处理公务将会来到芝加哥逗留两天时，也在芝加哥的约翰逊马上抓住这个机会，给总统夫人发了一封电报，请求她抽出宝贵的时间拯救《黑人文摘》于水深火热之中。最终，约翰逊的真诚让总统夫人倍受感动，这一次她很快答应了约翰逊的请求，并且写好了文章。这个消息简直让美国举国震惊，短短的一个月时间里，《黑人文摘》因为得到总统夫人的垂爱，原本只有两万份的发行量居然激增至十五万份，《黑人文摘》从此为人知晓，而且有了极大的影响力，很好地促进了美国种族问题的解决。

作为一份杂志的创办人，居然让总统夫人给他们投稿，这听起来简直就像天方夜谭，也让人难以置信。然而，约翰逊就这么做了，毕竟如果不尝试的话，他根本不知道是否能够成功。在遭到总统夫人的拒绝之后，他也丝毫没有退缩，反而坚持每隔半个月就给总统夫人去信，最终也许是他的诚心感动了总统夫人，使他最终如愿以偿，得到了总统夫人的支持，也使《黑人文摘》最终起死回生，销量暴增。

置身于这个飞速发展的时代，我们每个人都要挣脱身上的桎梏，从而才能彻底释放自己的心灵，让自己充分发挥创新的能力。当然，也许彻底改变在短时间内无法实现，但我们可以先从最简单的改变开始。首先，在改变伊始，可以多多尝试新鲜事物，感受新鲜事物给我们带来的美妙感受，其次，我们还可以尽量结识更多的朋友，借助于他们给我们带来全新的生活体验，从而开阔眼界，积累丰富的生活经验和知识。当然，在进行完这些热身运动之后，接下来就是要彻底改变观念，从最简单的冒险开始循序渐进，最终让自己变得积极乐观，勇敢无畏，从而树立"敢为天下先"的理念，成为乐于并且善于第一个吃螃蟹的人。唯有如此，我们才能让自己的人生不再平庸，最终绽放出耀眼的光芒！

多个角度思考，才能防止思维偏见

很久以前，我们习惯了从一个角度看问题，所以很多电视剧电影里，好人就是好人，好得轰轰烈烈，坏人就是坏人，坏得彻彻底底。后来，我们发现人性是复杂的，好人也有弱点，坏人也有优点，所以，我们的影视剧中好人和坏人的形象越来越立体，越来越生动，让人一度很困惑，这个人虽然很好，但是那件事情做得不够完美，那个人虽然很坏，但是也有一些善良的地方。于是，我们终于意识到，不管是人还是事物，都有其多面性，因此提出了从多个角度客观看问题的思路。

世界每时每刻都处于变化之中，只有从多个角度看待问题，我们才能更加客观公正，也才能做到与时俱进。人生也是如此，人生就是不断接受改变的过程，所以，我们常常要用新的标准和发展的眼光衡量人或者事物，这也是从多个角度看问题的一个方面。在前进的道路上，我们常常会遇到坎坷和挫折，原本计划好的事情，也许因为一个小细节的改变，结局就有了很大的不同。这样的结果是我们不想看到的，怎么办呢？一味地排斥和拒绝不能使结果变得更好，只会让我们更郁闷。那么，如果转变角度想一想，也许这个坏的结果可以作为好的起点，重新开始。做人最怕的就是钻牛角尖，时代瞬息万变，我们也应该时刻转换思维，不要一条道走到黑。

当从多个角度看问题的时候，我们就会形成发散性思维。所谓发散性思维，也叫求异思维、扩散性思维。指的是在遇到问题的时候，能够产生很多不同的想法，最终找到最好的解决问题的方法，甚至找到创新性的办法处理问题。任何事情都不是平面的，更不单一，只有多个角度看待问题，我们才能不仅仅局限于事物的表面，而深入事情的本质。

很久以前，有五个盲人，他们从未看过大象，都很好奇大象到底是什么样的。为此，他们决定一起去摸一摸大象。第一个人摸到大象的鼻子，说："大象是一根软软的管道。"第二个摸到了大象的耳朵，说："大象就像蒲扇，很大，还能扇风呢！"第三个摸到了大象的尾巴，说："大象又细又长，就像一根棍子。"第四个人摸到了大象的身体，说："大象就像一堵墙，非常厚。"第五个人摸到了大象的腿，说："大象是一根柱子，又圆又粗。"

五个盲人争辩起来，谁也说服不了谁。这时，站在一旁的人说："你们都说错了，你们摸到的只是大象身体的一个部位，必须摸完全身才能知道大象的样子。"

　　有一家玩具店进了一批新玩具，老板把它们整齐地摆放在货架最好的位置上，想让更多的小朋友发现它们，把它们带回家。然而，小朋友进入玩具店之后，似乎对这批新玩具视若无睹，只顾着去其他货架上挑选玩具。老板百思不得其解，问了好几个孩子才发现问题所在。原来，他的玩具摆设的位置正好在成人眼睛水平线的位置，对于成人来说是很容易发现的，但是对于身材比较矮小的儿童来说，必须仰着头才能看到。老板跪在地上，发现儿童的最佳视野在货架的下一层，因此，他赶紧把新玩具都调整到低一些的货架上。果然，进店的孩子们第一眼就看到了新玩具，新玩具很快就被抢购一空了。

　　盲人摸象的故事告诉我们，看待事物，应该从多个角度全面看待。否则，就像故事里的盲人一样，有人说大象是圆柱，有人说大象是墙壁，有人说大象是蒲扇……只要坚持多角度看待问题，这种贻笑大方的事情就不会发生。在第二个事例中，老板刚开始的时候以成人的角度看待问题，忘记了孩子们的身高问题。后来，他站在儿童的角度上看问题，才找到了摆放新玩具的最佳位置，实现了营销的成功。

　　不管是看人，还是看待事物，我们都应该坚持从多个角度看待。只有多角度看待，我们才会有客观公正的态度，才能做到全面而又理智。在处理问题的时候，只有多个角度看待问题，才不容易有死角，才能找到处理问题的最佳方法。

第十章

始终努力，在追逐梦想的路上创造奇迹

越努力，就越幸运

　　为什么很多人都说越努力越幸运呢？因为每个人都有无限的潜能，只有把潜能激发出来，让自己变得更加优秀和强大，才能让自己拥有更多的选择。也许有人会说，选择太多并不是一件好事情，因为过多的选择会诱发人的选择恐惧症，使人不知道应该如何选择，也不知道如何才能在最短的时间内作出决策。那么，若一个人被生活逼迫到无路可走，眼前只有一条路，难道就很好选择吗？没有人能够保证当生活进行到如此局促的状态时所面对的那条路还是不是自己想要走的路，还是不是自己想要得到的选项。显而易见，唯一的选择就是最好的选择，这样的巧合出现的概率是很小的。为此，宁愿选择多一点，也不要让自己被生活逼迫着前行。

　　如何才能开拓人生的天地，让自己的选择变得越来越多呢？很多人都说只有努力才能创造奇迹，其实在创造奇迹之前，努力会给我们创造更多的机会，也使我们拥有更多的选择项。人生之中从未有平白而来的成功，也没有一蹴而就的好事情，只有努力，我们才能突破和超越自我，才能在做很多事情的时候激发出自身的潜能。其实，人都是被逼出来的，古人说"生于忧患，死于安乐"，很有道理。在安逸的环境中，人们总是对于自己拥有的一切感到满足，也不愿意去改变。而在忧患的环境中，人们则对于自己的现状很不满意，为此他们最想做的事情就是打破现状，改变现状，重塑自我。也许是让人忧患的现状给了人们无穷的勇气和力量，所以很多生活不如意的人反而有更加决绝的勇气和更加强大的爆发力。因此，朋友们，不要总是抱怨自己对于人生选择的权利太少，而应意识到唯有在人生的道路上不断努力，奋勇向前，才能够欣赏到更多的美景，才能竭尽全力把一切做得更好。

自从进入大学的第一天开始，安然和若薇就开始了截然不同的生活。她们在高中就是好朋友，并如愿以偿考入同一所大学，但是对于大学生活怎么过，安然和若薇有不同的设想。安然认为，高中三年那么辛苦，大学终于可以放松一下。若薇觉得，高中三年已经苦过来了，大学也要辛苦一些，才能让自己学到真知识，才能让自己的未来有更好的发展，将来找工作也会容易很多。为此自从进入大学，安然就每天玩玩乐乐，对于学习完全抱着敷衍了事的态度。而若薇呢，则和高中时代一样保持着好习惯，每天早晨起来跑步晨读，每天晚上都会在教室上晚自习，或者去阅览室、图书馆读书。有的时候，安然也会嘲笑若薇是苦行僧，若薇总是笑着对安然说："越努力，越幸运，我和你不一样，你的家就在城市里，我家是农村的，所以我只能靠自己。"

越是美好的时光越是过得飞快，转眼之间，安然和若薇已经开始读大四。其实，若薇从大三开始就在筹备考研的事情，而安然则是到了大四才从梦中惊醒，发现身边居然有这么多同学要考研。安然慌了神，这才开始四处打听考研的具体问题。对此，若薇给了安然最全面的解答。看着若薇如同考研专家一样把很多考研的注意事项娓娓道来，安然情不自禁地对着若薇竖起了大拇指。第一年，若薇就考上了研究生，而安然落选。到了第二年，安然还是落选，不免觉得心灰意冷，决定去找工作。然而，安然的整个大学都是在吃喝玩乐中度过的，不但学习成绩不够优秀，而且没有参与社会实践的经验，所以找工作也接连碰壁，好不容易才找到一个活多钱少的前台文秘工作。

又过去一年，若薇研究生即将毕业，还没有通过毕业论文答辩就收到了好几家公司的邀请函。若薇选择加入一家自己最喜欢也最有发展前景的公司，刚入职场就如鱼得水，在事业上发展得非常顺利。看到若薇的成就，安然很懊悔："我和你差不多成绩进入大学，然而，从考上大学的第一天开始我就输了。"

安然说得没错，她的确输了，不是输在天赋上，也不是输在运气上，而是输给了时间。一个人，把时间用在哪里，哪里就会开花结果。很多时候，我们的坚持努力看起来没有那么明显的效果，只是因为努力的积累还不够而已。从现在开始，我们每天都要努力一点点，这样才能积少成多，为未来的成功做准备，打好基础。

现实生活中，总有些人抱怨命运不公，觉得自己从未得到命运的青睐。殊不知，命运总是公平的，它给一个人关上一扇门，还会为他打开一扇窗。最重要的在于，我们要戒骄戒躁，戒掉对于命运的抱怨，这样才能激发自己的力量，让自己全力以赴地做到最好，通过坚持而获得成功。只有努力，才能有更多的选择，才能有更多成功的可能性，也才能让人生的道路越走越宽。否则，如果人生总是浑浑噩噩，又因为害怕吃苦而不愿意付出，那么人生的道路就会越走越窄，直到最终无路可走。不要小看眼下这短暂的努力，时间就像海绵里的水，挤一挤总还是有的，如果我们善于珍惜和利用时间，把很多时间都用于坚持做自己喜欢的事情，最终我们的人生一定会开花结果，收获丰实。

此外还需要注意的是，很多人都抱怨自己已经努力了却没有收到任何效果。实际上，这是因为他们对于努力存在误解，总觉得只要稍微努力一下就会收获很多。努力绝不是百米冲刺，更不是偶然爆发一次就可以获得结果的，而是马拉松长跑，一定要有决心和耐力，且要能够坚持到最后，才能获得相应的名次。当我们学会跑人生的马拉松，当我们把努力的力量源源不断地输送出来时，我们的努力就会生根发芽，在人生之中长成参天大树。

任何成功，都要靠着时间的浇筑才能真正成型

时间对于每个人而言都是公平的，它从来不会因为任何原因而多一分，也不会因为任何原因而减一秒。面对时间，我们既要学会珍惜，争分夺秒，也要学会从容，如此才能走过时间无涯的荒野，才能把自己摆渡到人生更加丰富美好的彼岸。

这个世界上从未有一蹴而就的成功，任何成功，都要靠着时间的浇筑才能真正成型。如果我们总是在无意间荒废时间，人生怎么可能开花结果呢？也有人说人生是一场未知的旅程，没有人知道生命将会在何时戛然而止，也没有人知道未来会在何时到来。既然如此，不如每时每刻都坚持做到最好，从而让自己拥有更多的可能性，也拥有更加强大的执行力。

既然生命中拥有多少时间是固定的，我们就要珍惜时间，也要有危机意识。很多年轻总是以年轻为资本，觉得自己不需要特别珍惜时间，因为对于追梦人而言时间还有很多。其实不然。时间总是在人不知不觉间溜走，还记得朱自清的《匆匆》吗？"燕子去了，有再来的时候；杨柳枯了，有再青的时候；桃花谢了，有再开的时候。但是，聪明的，你告诉我，我们的日子为什么一去不复返呢？——是有人偷了他们罢：那是谁？又藏在何处呢？是他们自己逃走了罢：现在又到了哪里呢？"没有人知道时间去了哪里，甚至很多人根本没有意识到时间的悄然流逝，但是时间就这么溜走了，一去不返，带走了我们的

青春容颜，带走了我们对于人生的热血和激情。为此，不要觉得生命无涯，真正无涯的是时间。而无涯的时间也不是让我们纵情去挥霍的，它如同空气一样包裹着我们，也如同空气一样在不知不觉间就悄然被消耗。即使再年轻，也要珍惜时间。俗话说，好钢用在刀刃上，我们也要把时间用在该用的地方。

时间就像是一粒种子，用在哪里，哪里就会生根发芽，就会开花结果。当然，如果你总是挥霍时间，时间就会像一粒轻飘飘的种子一样不知道被风吹到哪里去，无法落地生根。每到大学毕业季，为何同一个班级的学生会有不同的去向，甚至有截然不同的命运发展呢？因为他们之中，有的人把时间用于读书学习，有的人把时间用于恋爱纠缠，有的人把时间用于打游戏，也有的人在发展自己的兴趣爱好。因此，到了分道扬镳的季节，他们就会有截然不同的表现，努力的人凭着实力找到好工作，不够努力的人在成长的道路上迷失，看着工作却可望而不可得。这都是因为他们把时间花在了不同的地方。

在心理学上，有个一万小时定律。意思是说，若一个人坚持做一件事情达到一定的时间，就会有所收获和成就。为了证明这个定律的作用，有个心理学家让自己的三个女儿学习国际象棋。在此之前，他的女儿们并没有对国际象棋表现出浓郁的兴趣，也不曾接触过国际象棋。在十几年的时间里，他的女儿们都成为国际象棋大师，这充分验证了兴趣固然重要，但是坚持努力付出和学习更重要。对于自己不那么讨厌的事情，只要一直去做，付出时间和精力，就一定会开花结果。任何时候，人生的时间和精力都是有限的，我们与其把时间和精力分散，最终一事无成，不如调整好心态，始终坚持去做某件事情，这样才能积累更多的经验，最终获得成就。

人在职场，很多人都会感到内心空虚，也愤愤不平，觉得自己付出了很多却没有得到收获。其实不然。一切努力都会开花结果，一切未来也都会按照我们的期望而来。只有不断地进取，坚持去进步，且一直都在付出时间，栽培时间的种子，我们才能在时光的流淌中春暖花开。所以不要抱怨自己在工作上没有预期的收获。因为上班时间，大家都在认真工作，相差并不会很大，而在上班时间之外，你对于时间的利用才会表现出更加明显的区别。还记得在学校里的时候，很多人都会说功夫在课外，现在细细想来，这句话很有道理。功夫的确就在课外，包括在长大成人走入职场之后，超越自我的功夫也是在工作时间之外。

在通往成功的路上，每个人都会受到很多因素的影响，古人云天时地利人和，而现代社会的成功还与身体条件、精神因素、心理状态、真才实学、人际关系等密切相关。不要觉得只凭着努力就能获得成功，也不要认为所谓成功都是偶然得来的，要意识到成功从来都是复杂的事情，都不可能一蹴而就。为此，我们要更加潜心下来，有的放矢地面对成功，这样才能全力以赴做好自己该做的事情，才能竭尽所能创造自己的精彩未来。

心理学家经过研究发现，每个人都有巨大的潜能，这潜能就像是人生的宝藏一样，必须努力去发掘，才会在人生之中发挥积极的作用。反之，如果总是把潜能埋藏起来，不去激发潜能，日久天长，人们就会遗忘潜能。不要以没有时间为理由，总是让自己在做很多事情的时候都无限地拖延；而是要激发自身的潜能，全力以赴做好自己该做的事情，这样才能有的放矢地面对人生，才能全力以赴地经营好人生，这才是最重要的。浪费别人的时间，就等于谋财害命，浪费自己的时间，则无异于放弃生命。若你放弃生命，你还有什么资格对生命提出期望和希冀呢？从现在开始，让我们珍惜时间，也让时间在我们的苦心经营下开花结果吧！

不断学习和进步，才会做得更好

我们都知道，现代社会对人才的要求越来越高。任何一个人，都必须有不断学习和不断进步的意识，即使你已经小有成就，也不能骄傲自满。而应该在心中告诉自己，这次还不是最棒的，还有下一次，下一次一定会做得更好！

其实，那些成功者之所以优秀，也就是因为他们能做到不断超越，从不自满。

列夫·托尔斯泰说："一个人就好像是一个分数，他的实际才能好比分子，而他对自己的估价好比分母，分母越大，则分数的值越小。"现代社会，任何一个人都应该认识到自身知识的局限，才能认识到学无止境的含义，才能放开眼界，不断地吸收新的知识。球王贝利不知踢进过多少个好球。他那超凡的球技不仅令千千万万的球迷心醉，而且常常使场上的对手拍手叫绝。有人问贝利："你哪个球踢得最好？"

贝利回答说："下一个。"

当球王贝利创造进球满一千的纪录后，有人问他："你对这些球中的哪一个最满意？"

贝利意味深长地回答说："第一千零一个。"

没有最好，只有更好。不要放松自己前进的步伐，因为我们要明白，我们永远是在逆水行舟，不进则退。

的确，无论做什么，都要不断进取。这样，在今后的求学和人生道路上，你都能处处做到最好。

美国迪士尼乐园的创始人沃尔特·迪士尼说：做人如果不继续成长，就会开始走向死亡。进取心塑造了一个人的灵魂。我们每个人所能达到的人生高度，无不始于一种内心的状态。当我们渴望有所成就的时候才会冲破限制我们的种种束缚。进取是没有止境的，我们永远不要满足于已经得到的，而需要不断地开拓新的领域。进取心是人类智慧的源泉，它是威力最强大的引擎，是决定我们成就的标杆，是生命的活力之源。

因此，在成功的道路上要有永不满足的心态。一个阶段的成功要更好地推动下一个阶段的成功。每当实现了一个近期目标，决不要自满，而应该挑战新的目标，争取新的成功。要把原来的成功当成新的成功的起点，这样才会永远有新的目标，才能不断攀登新的高峰，才能享受到成功者无穷无尽的乐趣。

你不努力，何来回报

曾经，人们说一分耕耘一分收获，然而随着时间的流逝，这句话的不足之处越来越明显地表现出来，那就是一个人只有努力才有可能得到回报，但是很多时候即使努力也未必能得到回报。难道我们就因此而放弃努力了吗？当然不是。因为只有努力才有可能得到回报，如果不努力，就绝对没有回报。在这种情况下，你是选择努力，还是选择放弃呢？

固然，人人都渴望得到美好的人生，也希望自己能够出类拔萃，变得更加强大和充实。然而，人生中的任何收获都不是平白无故得到的，只有不断地努力、持续地付出，才能得到更多，也才能收获更多。现代社会，生存变得越来越艰难，人与人之间的竞争也越发激烈，在这种情况下，要想更好地生存、成长和发展，只有努力这条唯一的道路可以走。任何时候，我们都要把努力变成一种习惯，也要把努力变成优秀的品质，这样才能在成长的过程中不断地提升和完善自己，也才能全力以赴做好自己该做的事情。

雅丽是个肥胖的姑娘，从小父母总是把好吃的都给她吃，使她养成了不好的饮食习惯，最终变成"大胃王"，每顿饭都要吃很多，否则就会觉得特别饿。一开始，父母对于这个胖闺女并不发愁，觉得小孩子胖乎乎的还挺可爱。然而，随着年纪不断增长，雅丽逐渐从小女孩变成大姑娘，也开始面临人生中的大事——恋爱。但是，在亲戚朋友的介绍下，雅丽几次三番去相亲，最终都因为长得太胖被拒绝。直到此时，雅丽才知道肥胖是一个多么负面的因素，将会对她的人生产生多么恶劣的影响，为此她开始下定决心减肥。

最初的日子里，雅丽从适度运动和适度节食开始。因为她的胃容量特别大，所以当务之急是让胃容量变得更小一些，这样才能减少食量。雅丽常常会在夜里饿醒，感到胃部因为饿而绞痛。对此，雅丽从未妥协过。即使是在正餐的时间里，她也尽量多吃水果和蔬菜，而减少主食的摄入。一段时间之后，雅丽虽然体重没有减轻，但是她的食量大大减少了。这个时候，雅丽开始全力以赴运动。经过一段时间的适应后，她的身体也变得灵活一些，为此她的运动量在循序渐进地增大。最终，雅丽减肥成功，从一百八十斤减到了一百三十斤，而且身体状态和精神状态也变得越来越好。虽然一百三十斤的雅丽还是属于微胖型，但是她有信心让自己再减下十斤，达到一百二十斤的标准体重。

后来，雅丽不但找到了白马王子，而且在工作上也有了很大的发展。原来，她曾经因为形象问题只能从事幕后工作，现在却凭着顽强的毅力做销售工作，最终成为销售主管。众所周知，在销售行业晋升是非常快速的，只要雅丽能够坚持下去，有朝一日成为总监也是有可能的。

对于人生，总是要有些梦想的，这样才能在梦想的指引下，成功地逐梦，也实现自己的人生价值。当然，罗马不是一天建成的，每个人也不可能一口吃成胖子。不管做什么事情，都要循序渐进、按部就班，而不要急功近利，如果总是过度着急地催促自己，只会在人生中迷失，也会在人生中失去自我。

现实生活中，需要我们坚持的事情很多，而减肥就是一项需要顽强毅力才能完成的事情。在这个事例中，雅丽之所以能够成功减肥，是因为她对于爱情有着无限的渴望和憧憬，也希望自己能够全力以赴完成人生的梦想。有精神的支撑，人生在做很多事情的时候才有动力，对于未来也才会怀着更大的期望和憧憬。古人云，不积跬步，无以至千里；不积小流，无以成江海。这就告诉我们不管做什么事情都要坚持不懈、持之以恒，都要勤奋刻苦、绝不放弃，才能最大限度地实现人生、圆满梦想。

始终保持前进的姿态，你的人生会更加精彩

人生就像一场终点待定的马拉松，每个人都在不停地往前跑，因而也有人说人生是一场没有归途的旅程，跑得越远，看到的美丽风景也就越多。相反，假如一个人跑着跑着就不再跑了，那么只能看到眼前美丽的风景，而无法领略前路旖旎的风光。从这个意义上来说，人生要想充实地度过，就必须不虚度光阴，一路努力向前。既然我们无法决定人生的长度，不如就在有限的人生旅途中欣赏更多的美丽风景，来拓宽人生的宽度吧。这也是珍惜人生、尽情享受人生的好方式之一。

光阴似箭，人生如同白驹过隙，稍不留意，人生就已百年。年轻的时候，我们总是觉得有着无穷无尽的时间可以挥霍，因而逃学、玩耍，而等到人到中年，未免觉得人生实在是眨眼之间。也许转眼之间，我们已经十年没有回到故乡，我们已经毕业十年，甚至是二十年、三十年，从不谙世事的小姑娘小男孩，变成了已经为人父母的中年人，不由得感慨唏嘘，尤其是当头顶的白发越来越多，我们更是不敢回首，只怕引起无限惋惜。在2014年的春节联欢晚会上，一首《时间都去哪儿了》唱出了无数人的心声。是啊，时间都去哪儿了，我们的人生怎么再回首已经年过半百了？我们曾经的青葱岁月，如今只能去梦里寻找。

在这个飞速发展的时代，不管是"70后""80后""90

后"，还是如今的"00后"，一代一代人如同长江后浪推前浪，使人感慨光阴荏苒，岁月如梭，每个人都只能看着时间仓惶溜走的身影感慨无限，而对时间没有一丝一毫的办法能够挽留。既然如此，不要再花费宝贵的时间用来抱怨啦，与其浪费时间，不如珍惜时间，这就相当于变相地延长了生命。让人生更有品质，能够帮助我们更充实地享受人生，也能够让我们得到人生的更多馈赠。

作为我国北宋时期伟大的政治家，司马光不仅在政治方面作出了杰出贡献，而且学识渊博，是著名的学者。尤其是在历史方面，他更是呕心沥血完成了史学巨著《资治通鉴》，因而流传千古，对整个人类发展都起到了深远的影响。

司马光之所以做出了如此伟大的成就，与他从小就勤奋学习，珍惜时间，是分不开的。司马光小时候在私塾里读书时，因为背书不如别人快，就想尽办法弥补不足。别人花费一个小时读书，他就笨鸟先飞，花费两三个小时。为了增强记忆力，他在老师刚上完课后就开始用功读书，即便同学们都在院子里高高兴兴地嬉笑打闹，他也毫不心动。不仅如此，他还抓住生活中的一切闲暇时间读书。例如，他骑马的时候就坐在马背上读书，夜晚入睡之前也会尽力回想白天学习的内容，如此坚持下来，司马光的记忆力得到了增强，以至于他对于很多知识始终印象深刻，记忆清晰，到老了也没有忘记分毫。正是如此坚实的知识基础，才使得司马光未来著书立说时根基牢固，作品也富有深度。

　　为了珍惜时间，司马光不但抓住生活中的闲暇时间，而且特意为自己准备了一个圆木的枕头。每当他夜读感到困倦时，实在撑不住了，就会枕着圆木枕睡觉。然而等到睡熟了情不自禁地翻身，圆木枕就会掉落到地上，司马光的头就会猛然落到硬板床上，也就醒了。每当这时，司马光总是当即起床穿衣，继续点灯苦读。在圆木枕长年累月的陪伴中，司马光渐渐感受到圆木枕其实是有思想的，因而称呼其为"警枕"。就这样，"警枕"陪伴司马光度过了一生之中漫长的时间，也见证了司马光勤奋苦读、笔不辍耕的一生。

　　在助手的协助下，司马光用了十九年的时间，才完成了《资治通鉴》这部史学巨著，给中国的历史留下了不可多得的宝贵资料。假如没有珍惜时间的精神，假如没有和时间展开赛跑，司马光也许就无法获得如此伟大的成就，中国的史学也会因此黯淡几分。

　　虽然我们未必能够像司马光一样青史留名，但是作为普通人，我们的人生也同样需要面对和时间赛跑的局面。光阴似箭，人生更是如同白驹过隙，我们唯有把握好自己的人生，成为时间的主人，才能竭力拓宽人生的宽度，让人生变得更加充实丰满。同样的道理，人生也是需要有向前冲的精神的，否则，一味地停滞不前，必会失去前方更加旖旎的风景，也给人生徒增遗憾。所以朋友们，不管你是把人生当成百米冲刺，还是当成马拉松，从现在开始就努力向前吧！只要我们一直在人生路上保持前进的姿态，我们的人生就必然会更加精彩美妙！

直面命运，然后奋力拼搏

现实生活中，每个人都想获得成功，都想成为人生的主宰。然而，人生并没有什么诀窍和捷径，一个人要想掌控人生，就必须真正地参与人生，而不要始终站在旁观者的角色漠视人生。

大多数人都对人生都感到不满足，他们因此而抱怨命运不公，最终对人生失去信心，而让自己沦为人生的旁观者。直到时间悄然流逝，青春年华不再来，他们才意识到每个人都必须对自己的人生负责。一个人越早知道自己在人生中的角色，越能够及时抓住人生中千载难逢的好机会，从而让自己的人生更幸运。年轻的时候，如果你总是抱怨自己一无所有，那么你就错了，因为对于追梦人而言，一无所有反而是件好事，这是命运安排你孤独地走过一段人生之路，这样人生才会更从容淡然，你也才能够在面对自我内心的过程中让自己不断强大起来。哪怕是最爱我们的父母，也不可能永远陪伴着我们，所以我们只能独自面对人生，自己扛起一切艰难和挫折。

当然，对人生感到愤愤不平的时候，也不要一味地只盯着人生中不如意的地方看，其实命运总体是公平的，它在为一个人关上一扇门的时候，还会为这个人打开一扇窗。因而我们对待人生要怀着更宽容的心态和更充足的热情，而不要总是假装没有看到上帝给我们的好。也许怀着感恩之心，我们就能看见命运更多的美好与善良，就像一位名人所说的，这个世界上并不缺少美，缺少的只是发现美的眼睛。我们也唯有以感恩的心面对这个世界，才能更加从容地得到更多。

小文是个文静的女孩儿，从小就喜欢做针线活儿，她总是跟着年迈的姥姥一起缝缝补补。姥姥看到小文的针线活儿越做越好，总是夸小文："我们小文可真像大家闺秀啊，才能把女红做得这么好。这手好活儿，要是放在古时候，提亲的人都会踏破咱家的门槛呢。"每当这时，才十几岁的小文总是非常害羞，依偎在姥姥的怀中，抱着姥姥的脖子撒娇。

原本，小文最大的理想是成为一名服装设计师，然而造化弄人，在高考时她没有考出好成绩，与美术学院的服装设计专业失之交臂。最终，她不得不选择了会计专业，从而让自己有生存的技能。就这样，小文成了一名会计，幸好她没有把女红扔下，而将其作为自己的爱好，始终刻苦钻研。

十几年过去了，原创服装越来越受到人们的喜爱和欢迎，尤其是淘宝的普及，使得更多人喜欢在网上购买东西。由于小文女红出色，家里人都鼓励她开一家网店，专门卖原创服装，小文却觉得很为难，因为她对网络并不很懂，又因为一直从事会计专业，她觉得自己已经对女红不免有些生疏了。直到有一天家庭聚会，表妹穿了一条独特的裙子，大家都觉得这个裙子的样式很好看。然而当听到表妹说出这条裙子的价格时，大家都不免咋舌。尤其是年迈的姥姥，撇着漏风的嘴巴说："你呀真是瞎花钱，你还不如让你表姐给你做呢，这衣服虽然样子好看，但是做工真不如你表姐的手艺。"表妹不由得嗤之以鼻："我表姐那是在家瞎玩儿呢，我这可是人家原创设计师亲手做出来的。"小文听到表妹的话可不乐意了，说："我可不是瞎玩儿，等着吧，我也去学学服装设计，将来一定能够做得比你这条裙子更好。"从此之后，小文一边工作，一边利用业余时间学习服装设计。一年之后，小文的服装作品在服装设计赛上赢得了三等奖。小文受到极大的激励，索性辞掉工作，专门参加了电脑培训班，也学习了在网络上开店的技能。很快，小文原创服装店就隆重开业了，因为小文设计的服装样式独特，做工精良，所以小文的生意越来越好，没出几年，小文就成立了自己的服装加工厂，把生意越做越大了。

事例中，小文阴差阳错与服装设计师失之交臂，然而，命运从来不会辜负任何一个人。在十年之后，小文还是再次拿起了针线和剪刀，成为了一名不折不扣的服装设计师，也最终成为成功的服装制造商。她虽然不能继续从事会计专业，但是她却找回了自己最喜欢的工作，这简直就是人生最大的幸运。

人生中的很多时候，我们都要与厄运作斗争，然而更多的时候，我们要顺应命运的安排，这样才能让自己在人生中事半功倍。在人生发展的过程中，我们应该意识到自己的天赋和特长，而不要选择弥补人生的短板。很多人都知道心理学上的木桶理论，意思是说一只木桶能装多少水并非取决于最长的那块板，而是取决于最短的那块板。因此，要想增加一只木桶的容水量，就要弥补木桶的短板，从而让木桶派上更大的用场。但是对于人生而言，木桶理论并非完全派得上用处，每个人未必要弥补自己的短处，而应该抓住自己的长处和优点，从而发展自身的核心竞争力，让自己的能力越来越强。

生活中，很少有人有小文的幸运，从事自己最喜欢的工作，即便如此，我们也不能浪费上天安排给我们的天赋。人生中，很多机会都是人们自己创造和争取出来的，所以我们更要把握好人生，让人生绽放异彩。

第十一章

提升自己，你离梦想才能更近一些

有实力的人，才能抓住机会成就梦想

每个人都有梦想，梦想对于每个人也是至关重要的。因而，我们一定要让自己更加勤奋努力，用实力为自己代言，这样才能以实力武装自己，也才能让梦想照进现实。否则，梦想如果没有实际行动的支撑，就会变成空想和幻想，对于人生毫无意义可言。记住，人生从来不会重新来过，对于每个人而言，人生都只有一次机会，要做的就是抓住梦想，努力拼搏成就梦想。对于没有实力的人而言，梦想只会越来越远，人生也会因此陷入被动的状态之中无法自拔。所以，要想完成梦想，要想让自己的未来充满璀璨的光华，我们就要从此刻开始认真对待梦想，也为了实现梦想而做好各种准备。

很多朋友对于梦想不以为然，觉得所谓梦想，大多数时候都会变成空想，是人用来自我安慰的一种东西。当然不是。如果你的梦想如此，就只是意味着你是一个只会空想而不愿意付出实际行动的人。你这样，并不代表每个人都这样，所以当你发现梦想可有可无是人生的摆设时，就要主动地反思和审视自己，这样才能以更加正确的态度对待梦想，也才能让梦想真正照亮现实。

乔·吉拉德是世界上最伟大、最成功的推销员之一，他曾经在十五年的时间里卖出去13001辆雪佛兰汽车，其事迹被收录《吉尼斯世界纪录大全》之中。在连续十二年的时间里，他保持着每天销售六辆汽车的传奇，至今为止，世界上还没有人能够打破他的这项伟大纪录。不得不说，吉拉德的确是销售界的传奇，而实际上他进入销售界很晚，也并非在销售方面有独特的天赋，那么，他是如何获得成功的呢？

吉拉德从小家境贫困，为此，他不得不在十岁时就离开学校四处卖报纸，从而赚取微薄的收入为父母贴补家用。此后他陆陆续续做过很多方面的工作，因为没有很高的文化，所以他始终在社会底层徘徊，对于生活也有了更加深刻的了解。原本，吉拉德的理想是成为一位企业家，但是随着对于残酷的现实认知得更加清楚，他觉得自己根本不可能成为企业家，由此希望自己能够开一家店铺。然而，他根本不是做生意的料，一次尝试却血本无归，穷困得甚至无法养活妻子和孩子。为此，他不得不再次四处寻找工作。然而，吉拉德的学历太低，而且他还有说话结巴的毛病，为此不管做什么工作，总是没过几天就会失去工作的机会。吉拉德郁闷极了，觉得自己这么辛苦努力，为何就不能养活自己呢！

有一天，吉拉德寻找工作无果，在街道上徘徊，迟迟不愿意回家。这个时候，他看到街边有个人扔掉了一张报纸，百无聊赖之中，他捡起报纸来看看招聘信息，却在报纸的缝隙里看到一则科普文章。从这篇文章里，他知道了跳蚤的自我限定，突然间恍然大悟：也许，我也应该超越自己，才能成就自己！
正是在这样的思想引导下，吉拉德茅塞顿开，意识到自己必须
努力地寻求改变，才能跳得更高，而不至于像跳蚤一样被外部
的环境限制住，无法真正实现自己的人生梦想，也在无形中被
禁锢住，失去自我。最终，吉拉德应聘进入汽车公司从事销售
工作。从进入公司的第一天开始，他就让妻子给他的衣服上绣
上字：第一名。从此之后，吉拉德的人生就像开挂一样，不管
是面对困境还是顺境，始终全力以赴、自强不息，最终获得伟
大的成就，也成为世界领域内销售冠军第一人。

没有人天生就能成功，最重要的是，一定要全力以赴地去
做该做的事情，而不要被各种东西限制和禁锢住。唯有如此，
才能实现自己的梦想，也距离成功越来越近。若干年后，吉拉
德衣服上的"第一名"从妻子手绣的变成纯金打造的，这都是
因为他真正实现了梦想，也获得了成功。

成功从来不会从天而降，更不会一蹴而就。一个人要想获
得成功，就要勇敢地攀登人生的巅峰，也要不遗余力地努力奋
斗。唯有如此，才能激发出生命的力量，才能把握住短暂的人
生时光，全力以赴做好自己该做的事情。记住，只有有实力的
人，才能让梦想闪闪发光！

勤奋努力，朝着目标一步一步地迈进

我们都知道，人的潜能是无限的，它是人的能力中未被开发的部分，它犹如一座待开发的金矿，蕴藏无穷，价值连城。一个人最大的成功，就是他的潜在能力得到了最大限度地发挥。但这一前提是，无论你的理想多么崇高，要实现你的理想就必须勤奋努力，朝着目标一步一步地迈进。

然而，现今社会，好高骛远、不脚踏实地是很多追梦人的通病，他们是思想上的巨人、行动上的矮子，信誓旦旦决定做一件事，但到实施的时候，却做不到一步一个脚印，每天朝目标迈一步，经常三分钟热度，做不到持之以恒。要知道，任何事情的成功都不是一蹴而就的，需要一点一滴的付出。小事成就大事，在每件小事上认真的人，做大事一定成绩卓越，可以说，稻盛和夫的成功来自他早年的梦想，同时更是坚持与努力的结果。

刚开始，京瓷公司规模很小，不满百人，并且这家公司当初还是一家乡村工厂，但那个时候，稻盛和夫就和员工一起立下了"要将这家公司发展为世界一流的公司"的宏伟志愿。"尽管它还是一个遥远的梦想，但我内心有个强烈的愿望，就是渴望实现梦想并证明给大家看。"稻盛和夫在自己的书籍《活法》中如实写道。

不难发现，那时候的稻盛和夫眼界是高的，而且在接下来

的很多年内，他不仅坚持自己的梦想，更是把自己的梦想融入
了实际行动中。他和他的员工一样，在现实中的每一天，都在
竭尽全力重复简单的工作。为了继续昨日的工作，他们不得不
挥洒汗水，一毫米、一厘米地前进，把横在眼前的问题一个个
解决掉，时间就这样在看似微不足道的日子中度过了。

可能很多追梦人会问："每天重复同样的工作，哪年哪月
能成为世界一流的公司呢？"的确，在创业的过程中，稻盛和
夫屡受打击，经历过无数次失败，但他认为，人生只能是"每
一天"的积累与"现在"的连续。

"此刻的这一秒钟聚集成一天，这一天聚集成一周、一个
月、一年，等发觉时，已经站在了先前看上去高不可攀的山顶
上，这就是我们人生的状态。"

追梦人，你们也应该谨记稻盛和夫的这句话，学习这种
追求成功、不懈努力的人生精神。没有小，就没有大；没有低
级，就没有高级，每天那些点滴的小事中都蕴含着丰富的机遇，
伟大的成就都来自每天的积累，无数的细节才能改变生活。

即使你的目标是短视与功利的，但是，如果不过完今天一
天的话，那么明日就不会来访。到达心中向往的地点，没有任
何捷径，"千里之行，始于足下"，无论多么伟大的梦想都是
一步一步去靠近、一天一天去积累，最终才能实现的。

事实上，有很多和稻盛一样成功的人，他们白手起家，创
下了自己的辉煌。的确，很多看似卑微的工作却正是最伟大的

事业，卖拉链、做纽扣同样能跻身世界500强。贫穷的人没有创业资金，可以从那些小成本行业做起，只要勤奋努力，谁知道呢，可能一不小心就跨入了世界500强之列。

世界上许多伟大的事业都是由点点滴滴的细节小事汇集而成的。在小节上能够处理好的人，在成功之路上一定会少许多漏洞，相反，如果一个人不关注细节问题，往往会因小失大，自毁前程。完美的细节代表着永不懈怠的处世风格，也是一个人追求成功的资本。

追梦人，你是不是对每天两点一线的学习生活已经厌倦了？你是不是渴望和那些青年人一样去闯荡？你是不是希望能有一个成功的机会？你是不是认为自己有粗心大意的毛病？那么，从现在起，对待生活、学习上的任何一件事，你不妨都予以关注，关注其细节是否完善。从细节入手，你会发现，你也可以变得卓越！

稻盛和夫曾说："不要把今天不当一回事，如果认真、充实地度过今天，明天就会自然而然地呈现在眼前了。如果认真地度过明日，那么就可以看见一周。如果认真地度过一周，那么就可以看见一个月……即使不考虑以后的事而全力以赴过好现在每一瞬间，先前还未能看见的未来便自然而然地可以看见了。"

其实，"机遇是留给有准备的人"这句话是有道理的。美国篮球名将乔丹对此深有体会，他说："机会是为有准备的人而准备的。抓紧所有的时间，让力量发挥到极致，那些斑斓多彩的机会，就会一个个来到这些人面前了。"因此，现阶段，你要做的就是为未来做准备、充实自己的内在。

只有知识才能改变命运，只有学习才能具备竞争力

实际上，这正是生活中不少人所欠缺的，有些时候，他们总是怨天尤人，给自己制定那些虚无缥缈的终极目标。而每一个成功者，他们的成就都不是一蹴而就的，他们成功的不变因素都是努力学习。

著名政治家、科学家乔纳森·威廉斯说："不管你有多么伟大，你依然需要提升自己，如果你停滞在现有的水平上，事实上你是在倒退。"

美国前总统威尔逊，出生在一个贫苦的家庭，当他还在摇篮里牙牙学语的时候，贫穷就已经向他露出了狰狞的面孔。威尔逊十岁的时候就离开了家，在外面当了十一年的学徒工，每年只能接受一个月的学校教育。

经过十一年的艰辛工作之后，他已经读了一千本好书——这对一个农场里的孩子而言，是多么艰巨的任务啊！在离开农场之后，他徒步到一百英里之外马萨诸塞州的内蒂克去学习皮匠手艺。

在他度过了二十一岁生日后的第一个月，就带着一队人马进入了人迹罕至的大森林，在那里采伐圆木。威尔逊每天都是在天际的第一抹曙光出现之前就起床，然后一直辛勤地工作到星星出来为止。在一个月夜以继日的辛劳努力之后，他获得了六美元的报酬。

在这样的穷途困境中，威尔逊暗下决心，不让任何一个发展自我、提升自我的机会溜走。很少有人能像他一样深刻地理解闲暇时光的价值。他像抓住黄金一样紧紧地抓住了零星的时间，不让一分一秒无所作为地从指缝间白白流走。

十二年之后，他在政界脱颖而出，进入国会，开始了他的政治生涯。威尔逊是美国人乃至世界人民瞩目的对象，而他的成功，就是勤奋学习的结果。学习是向成功前进的营养元素。当今社会，竞争的日益激烈告诉我们每个人，只有知识才能改变命运，只有学习才能具备竞争力。

CNN电视台名嘴——赖瑞金曾邀请全美四十三位精英人士参加自己的节目，而讨论的话题是如何迎接新世纪，希望这些精英能给出一些建言。结果发现，这些精英人物提到最多次的字眼就是"改变"和"学习"。基于这些想法，赖瑞金去了一趟国会图书馆，在那些年龄足有百岁的老式报纸中，他发现，人们在一百年前就给出了类似的建言，连字眼都一样。全录公司的首席科学家约翰·西里·布朗提到，即将跨越二十一世纪的人类，首先要学会如何学习，并且学会如何喜爱学习新事物。有这样一则寓言故事，也说明了这样一个道理。

在一个漆黑的晚上，老鼠首领带领着小老鼠出外觅食，在一家人的厨房内，垃圾桶中有很多剩余的饭菜，这些厨余对于老鼠来说，就好像宝藏之于人类。

正当一大群老鼠在垃圾桶及附近大挖一顿之际，突然传来了一阵令它们肝胆俱裂的声音，那就是一只大花猫的叫声。它们震惊之余，四处逃命，但大花猫绝不留情，穷追不舍，终于有两只小老鼠躲避不及，被大花猫捉到，正当它们被吞噬之际，突然传来一连串凶恶的狗吠声，令大花猫手足无措，狼狈逃命。

大花猫走后，老鼠首领施施然从垃圾桶后面走出来说："我早就对你们说，多学一种语言有利无害，这次我就救了你们一命。"

这个幽默的故事提示我们：多一门技艺，多一条路。不断学习实在是成功人士的终身承诺。

奥马尔·纳尔逊·布莱德利将军就十分注重文化素养培养。他认为"有知识素养，善于思考和处事灵活的士兵，才是最有价值的士兵"，并且他还这样说过："在西点任教，不仅使我的洞察力更为敏锐，也大大开阔了我的视野和心胸，令我变得成熟。那些年，我开始认真读书，研究军事历史和人物传记，从前人的错误中学到了很多东西。"

的确，知识就是力量，终身学习是使人的精神变得勇敢的最好途径。对此，你可以做到以下几点：

1.多考虑自己的现在和未来，认识到学习的重要性

实际上，我们都知道学习的重要性，但这些往往是泛泛之谈，并不能起到任何实质性的作用。一旦将这一想法与自身情况相结合，比如，根据自己的兴趣树立人生目标和理想，这一想法就具备了可实施性。

2.树立不断学习的理念

学海无涯，知识是没有尽头的，同时，现今社会知识更新速度之快更加要求你具备不断学习的理念和行动。

3.付诸行动，坚持每天学习

任何知识的学习都需要持之以恒地坚持才能收到效果，也只有这样，才能不断拓展自己的认知度和专业度。

总之，没有哪个人可以永远独占鳌头，在瞬息万变的世界，唯有虚心学习的人才能够掌握未来，获得自己想要的成功。

要改变自己就要学会接受新事物

人生在世，谁不渴望出人头地？美国成功哲学演说家金·洛恩说过这么一句话："成功不是追求得来的，而是被改变后的自己主动吸引而来的。"我们之所以没有成功，是因为在我们身上存在着许多致命的缺点，如自私、傲慢、急躁、没

有明确的人生目标、缺少自信、做事情不脚踏实地、没有耐心等，这些缺点严重制约了我们的发展。只要对自己进行深刻检讨，积极采取改进措施，你的精神面貌就会发生巨大变化，你会感觉到自己在一天天地向成功迈进。

要改变自己就要学会接受新事物，因为每个人都有着无限的潜能等待开发，只可惜，我们往往限制住了自己的心态。科技进步的速度快得惊人，相对也引导了社会各方面的发展，如果你仍一味地沿用旧的思想、旧的做法去做人做事，那就会被社会淘汰。所以千万不要当个死硬派，很多不该再坚持的观念，何苦抓住不放呢？接受新思想，摒弃不适当的旧观念，会成为你改造自己、扩大格局的好起点。

有人会说："我是很想立即改变现状，但周围的大环境就这样，不允许我改变，我也没办法呀！"他必定是忘了：一个人在面临无法改变的环境的时候，首先要学会改变自己，自己改变了，环境也会随着改变。西方有句谚语："生存取决于改变的能力。"不少人往往是一方面既想改变现状，另一方面又害怕承受痛苦，结果把自己弄得既矛盾又挣扎，折腾了一大圈又绕回到起点。改变是痛苦的，但是如果不改变，那将是更大的痛苦。

成功学专家陈安之说："不要把赚很多钱当作是你人生最重要的目标。只要你能够成为最好的人物，最好的事情也就会发生在你身上。当你想要得到一切最美好的事物，你必须把自己变成最好的人物。"所以，在失意的时候，不要急着抱怨这个世界不公平，世界从来不会因为某个人的抱怨而改变。不如改变自己来适应环境，如果人是正确的，他的世界就是正确的。

"适者生存，不适者则被淘汰"，这是自然规律，世上的事物时时刻刻都在发生着改变。如果你跟不上社会的步伐，你会被社会抛得越来越远。面对这样的状况，只有改变自己才是出路。许多时候，担心是多余的，欣然地面对现实，勇敢地接受挑战，就会塑造出一个"全新的自己"。人生是由一连串的改变形成的，当你的环境、教育、经验、吸收的信息发生变化时，你的心理多多少少都会产生不同程度的变化。改变就是机会，只要你及时处理，就会有好的机会与开始，而且，唯有良好的自我改变，才是改变事情、改良状况，甚至改变环境的基础。

一个人如果不先改正自己的缺点和不足之处，使自己成为一个人格完善的人，就很难获得成功，更谈不上去影响、去改变别人。人活在世上的任务首先是改变自己，进而才是改变世界。如果同事对你不友善，你不去改正自己的缺点，即使你换个单位也没用；如果你的成绩不好，你不去改变学习方法和学习态度，即使换了老师也没用。只要你一改变，生活也会随之改变。

世界是在不断发展变化的，每个人也是在不断发展变化的。变化始终存在，不管这变化是好是坏，我们必须接受，而变化的好坏往往取决于人的适应能力。要适应瞬息万变的社会，我们必须作出改变，而且，改变必须从今天开始，马上开始，从自己开始，从每一件小事开始，这样才能获得成功！

适者生存，这是人类一切问题的答案。试图让整个世界适应自己，这便是麻烦所在。试图让一切适应自己，这不仅是很幼稚的举动，而且是一种不明智的愚行。想要改变世界很难，而改变自己则较为容易。如果你希望看到自己的世界改变，那么第一个必须改变的就是自己。而最简单的方法就是，拥抱这个日新月异的社会，学会接受新鲜的事物。

不断积累，一步步走好人生之路

滴水穿石，绳锯木断，一直以来，人们都用这两句语言，激励自己或者他人坚持不懈，怀着坚韧不拔的毅力，渡过人生的坎坷困境，成就人生的辉煌灿烂。遗憾的是，熙熙攘攘的人群中，真正能够获得成功的人是少数，大多数人都在抱怨命运不公平，所以才会被失败纠缠。

归根结底，人生能否如愿以偿，并非只取决于运气，而是取决于人的付出和努力。所谓"水沸茶自香，功到自然成"。任何时候，我们的点滴付出必须不断积累，持之以恒，才能静下心来，在经过持续地积累和沉淀之后，一步一个脚印踏踏实实地走好人生之路。

在这个世界上，绝没有一蹴而就的成功。很多时候，我们看着他人获得成功，却发现自己想要成功，还有很长的路需要走。那么，不要只顾着羡慕他人的成功，我们要做的就是从点点滴滴做起，汇聚涓流成为沧海，才能实现人生的追求，领悟人生的真谛。

很久以前，有个追梦人因为屡屡遭受不顺，心情低落，万念俱灰。看不到人生希望的他来到深山老林中，偶然走进了一座古刹，拜见住持大师。他先是给古刹捐了一些香火钱，然后才问住持大师："大师，我的人生总是充满了坎坷与挫折，简直看不到任何光亮和希望，我都想放弃人生了。"大师听着追梦人的倾诉，沉默不语，最终吩咐身边的小徒弟："施主心怀善念。你去提一壶温水过来。"很快，小徒弟就提着一壶温水送过来了，住持赶紧拿出杯子，拿了一些茶叶放入其中，然后就用温水泡茶，将其摆放在追梦人面前的矮柜上。杯子中冉冉冒出热水，茶叶却漂浮在上面，不愿意舒展身体沉入杯子底部。看到住持依然默不作声，追梦人终于忍不住，问住持："请问师父，您为何用温水冲泡茶叶呢？"住持笑而不语，示意追梦人品味茶香。追梦人出于礼貌，端起茶杯喝了一口，却觉得没有任何茶香味道。因而，他不停地摇头，说："茶是好茶，可惜用温水，浪费了这撮茶叶。"

住持这时又吩咐小徒弟："去提一壶滚烫的热水来。"小徒弟领命而去，很快就提着一壶正在沸腾的热水走了回来。住持像之前那样拿出杯子，放入茶叶，然后把沸水缓缓注入茶杯中。果然，在沸水的冲泡下，茶叶不停地舒展身体，在茶杯里沉沉浮浮，很快就绽放出奇异的香味，使人闻之口舌生津。

追梦人正准备端起这杯茶，住持用手势示意他稍等，只见住持再次提起水壶，朝着茶杯中注入沸水。果然，茶叶不停地上下翻滚，追梦人闻到更加浓郁的香味。就这样，住持五次提起水壶，朝着茶杯中注入沸水，杯子才被倒满水。看着晶莹剔透的茶水，追梦人贪婪地嗅着清香的味道，感受着沁人心脾的清爽甘甜。这时，住持再次询问他："施主，这杯茶和刚才那杯茶所用的茶叶，是完全相同的，但味道你觉得如何呢？"追梦人难以置信地摇摇头，说："一杯是温水，没有茶香，一杯是沸水，满室茶香。"住持点点头说："的确，水温不同，茶叶的状态也各不相同。温水冲泡的茶叶，茶叶漂浮在上面，根本不可能释放出香气出来。而沸水反复冲泡的茶叶，不停地舒展身体，最终释放自己所有的香气，因而满室生香，使人口舌生津。人生也是如此，简单的冲泡，根本无法释放出人生真谛。我们唯有保持内心的淡然，经受住命运的磨难，才能最终收获圆满的人生。"

水沸茶自香，功到自然成。正如古人所说："天将降大任于斯人也，必先苦其心志，劳其筋骨，饿其体肤，空乏其身，行拂乱其所为，所以动心忍性，曾益其所不能。"的确，一个人要想成就大器，必须先经受命运的磨难，才能最大限度地发挥自身的积极主动性，从而让自己真金不怕火炼。

朋友们，不管你觉得自己多么无所不能，都要耐下心来认真观察人生的各种境遇，从而最大限度地发展自己的人生，成就自己的人生，也让自己获得最美满的人生。

发现你的优势，才能经营好你的人生

俗话说，做人要有自知之明。的确，在生命的历程中，知道自己是谁，知道自己有哪些优点和缺点，有哪些不足和短处，是一种幸运。大多数人在生命的历程中都浑浑噩噩，根本不知道如何面对自己的人生，也不知道如何成就优秀的自己，为此他们穷尽一生去努力，付出了很多，却不能见到任何效果。有些人更加悲惨，因为确定了错误的方向，导致事实与自己的期望南辕北辙，甚至使那些原本有助于成功的很多因素都成为了不利因素，反而使得事情朝着相反的方向去发展。

曾经有一只木桶，它的大多数木板都很长，但是唯独有一块木板特别短。正是这块特别短的木板，导致这只木桶只能容纳很少的水，而不能让蓄水量到达长板的高度。正是在这样的情况下，有人提出要弥补这个木桶的短板，这样才能让木桶变得容量更大。果然，在补足短板之后，木桶的容量变大了。
为此，心理学家提出了木桶理论，意思是说一只木桶的容量并
非取决于它最长的那块板材，而是取决于它最短的那块板材。
从而，也衍生出一个理论，即每个人都要弥补自己的短处和弱
势，才能获得更好地成长和发展。然而，人和木桶是不同的。
人人都有短处，如果总是把时间和精力都用于弥补短处，而忽
略了对于长处和优势的发挥，那么人能得到提升吗？答案是不
能。这是因为弥补短处只能让自己变得和大多数人都相同，而
不能让一个人出类拔萃，优秀杰出。由此可见，人和木桶是不
同的，在某一种缺点和不足不会影响人正常发展的情况下，没
有必要过度纠缠于缺点和不足，而是应该更加全力以赴做好该
做的事情，如此才能有所成长和发展。

现代社会竞争非常激烈，每个人要想从社会生活中脱颖而
出，就必须非常努力和勤奋，也要全力以赴发展自己。如果说
几十年前，大学学历还可以作为找工作的资本，那么如今的大
学学历只能是敲门砖，而无法起到更多的作用。很多用人单位
都更加务实，他们宁愿找一个学历不是很高，但是能力比较强
的人，也不愿意找一个高学历但是能力不足的人才。所以如今
的求职市场上，很多人都拿着学历四处找工作，不但本科生一
抓一大把，就连研究生都一抓一大把。然而，企业却总是在抱
怨招聘不到好的人才，而所谓的人才也拿着学历抱怨自己找不
到好工作。这样的情况很让人奇怪，也给许多人的人生带来困

扰和无奈。

要想在社会中为自己赢得一席之地，要想在成长过程中让自己变得更加强大，我们就要努力提升自己，有实力的人才能有的放矢地面对职业竞争。在职业发展之中，有一个概念叫作核心竞争力。毋庸置疑，只有拥有核心竞争力的人，才能够在竞争中脱颖而出，才能在成长过程中发展自己，最终让自己成为真正的人生强者。那么，何为核心竞争力呢？所谓核心竞争力，首先是真才实学，是真正的能力。此外，核心竞争力还有一个特点，就是这样的能力是独有的，不能说举世独有，至少是在现实生活的人际圈子里是很少见的。这样一来，拥有核心竞争力的人才能从周围的人群中脱颖而出，才会凭着真实的能力和水平变得不可取代，出类拔萃。

那么，核心竞争力从何而来呢？核心竞争力发展的基础就是长处和优势。当然，这里并不是说一个人的劣势和不足绝对不可能转化为核心竞争力，而是我们要讲究方式方法，要在脚踏实地追求成功的同时，尽量选择更有效率的方式去靠近和实现成功。如果说发展长处为核心竞争力是捷径，那么发展短处为核心竞争力则是舍近求远。作为一个明智的人，人生中有那么多的梦想要去实现，也有那么多有意义的事情等着我们去做，我们当然不能舍近求远，而是要尽量找到最有效、最高效的方法努力去做，这才是最重要的。

人生是没有捷径的，不管做什么事情都要脚踏实地、一步一个脚印地向前。然而，人生也是有捷径的，这样的捷径不是舍近求远，而是要在深入认知和了解自身条件的基础上，发挥自己的优势，避开自己的劣势，从而更加高效率地发展自己，获得成功。所以，追梦人在决定从事哪一个行业或者做什么工作的时候，也要选择自己感兴趣或者擅长的行业，这样才能够拥有充足的动力，获得长久的发展。如果非要和自己较劲，非要和人生较劲，就会导致所做的工作是自己不喜欢的，未来的成长也会面临很多的困境和障碍。记住，只有发现自己的优势，才能经营自己的长处，每个人不但要知道自己的缺点和不足，更要知道自己的优势和长处，这样才能有的放矢地发展自我，成就自我。

第十二章

把控机遇，在关键时刻实现人生飞跃

机遇来临时，一定要好好把握

什么是机遇？其实机遇是一种有利的环境因素，让有限的资源发挥无穷的作用，借此更有效地创造利益。所谓"谋事在人，成事在天"，说的是事业的成功在于两方面的因素，一是主观努力，二是客观机遇。很多人在生活中因为抓不住机遇而总是徒留遗憾，最终后悔莫及。是的，机遇就像我们指缝间的时间，稍纵即逝，所以说，当机遇走到我们身边的时候，我们一定要在有限的时间内好好地把握住它。

《飘》这部文学名著在文学史上产生了很大的影响，根据《飘》改编的电影也很受人追捧，其中因扮演女主角郝思嘉而大放光彩的费雯丽也得到了很多影迷的喜爱。但是我们或许不知道，在接下这个角色之前，她其实只是一个不受瞩目的小演员。她之所以能够一举成名，就是因为她大胆地抓住了表现自我的良好机遇。当《飘》开拍时，女主角的人选还没有最后确定。毕业于英国皇家戏剧学院的费雯丽当即决定争取出演郝思嘉这一角色。"怎样才能让导演知道我就是郝思嘉的最佳人选呢？"这个问题困扰着她。

费雯丽想了很多方法，最终她做出了一个决定，她要自己向制片人举荐自己，证明她是最合适的人选。一天晚上，刚拍完《飘》的外景，制片人大卫又愁眉不展了。正在郁闷的时候，他看到楼梯上走下来两个人，那位男士他认识，可是那个女士怎么这么陌生呢？只见她一手扶着男主角的扮演者，一手按住帽子，居然自己把自己扮演成了郝思嘉的形象，那双明亮的眼睛，那纤细的腰肢，无不让人们惊艳。当时大卫感到非常地好奇，她的举止有一种似曾相识的感觉，正在这时，男主角兴奋地向他喊了一声："喂！请看郝思嘉！"大卫一下子惊住了："天呀！真是踏破铁鞋无觅处，得来全不费功夫。这不就是活脱脱的郝思嘉吗？！"于是，费雯丽被选中了。

这就是懂得为自己创造机遇的典型案例，费雯丽用自己的智慧去制造机会，因而接下女主这一角色，从而一举成名。朋友们，机遇是非常重要的，我们要懂得为自己去创造良好的条件，这样才能更好地达成我们的目标，实现我们的愿望。

很久以前，住在伯利恒的大卫还是一个小孩子，他有八个强壮的哥哥。

虽然他只是一个孩子，但他长得英俊而强健。当哥哥们去山上放羊的时候，他也跟着一起去。大卫就这样一天天长大，后来，他开始照看一部分羊群。

有一回，当大卫躺在山坡上看羊的时候，突然，一头狮子从森林中冲出来，并叼走了一只羊。大卫想都没想，就去追赶狮子，他纵身一跃，跳到了狮子的身上，抓住了狮子的鬃毛，他赤手空拳就杀死了那头狮子。

　　随后不久，战争爆发了，扫罗王召集军队去迎战，大卫有三个哥哥随扫罗王出征了，大卫由于年纪小，只能留在家里。一个半月后，大卫借着送食物的名义来到军营，当他到达那里时，只见喊声震天，军队正严阵以待，而对面的山坡上，一个大巨人正大踏步来回地走动着，炫耀着自己的强壮与勇猛。

　　以色列没有一个人敢前去迎战的，大卫想上前去挑战一下："我要去迎战那个巨人，以色列神将与我同在，我不会害怕的……"大卫的哥哥想封住他的嘴，但来不及了，一旁早有人跑去报告给了扫罗王。

　　国王下令召见大卫，当大卫被带到扫罗王跟前时，扫罗王看到他是个孩子，便想劝阻。但是，大卫向国王讲述了他如何赤手空拳杀死狮子的事迹，并信誓旦旦地说："既然上帝能让我战胜狮子，那个巨人也没什么可怕的！"

　　国王允许了："去吧，孩子，神与你同在！"

　　国王要把自己最好的武器赐给大卫，但被他拒绝了。大卫拿出自己的家伙，拎起牧羊童的袋子，背着投石器，就离开了以色列军营。接着，他又在小溪边挑选出了五块圆滑的石子，然后就去迎战巨人了。巨人见到对方只是个孩子，便压根儿不把他放在眼里。面对对方那庞大的身躯，大卫一点儿也不害怕，他勇敢地喊道："开始吧，拿好你的矛和你的盾。今天，神既然把你交到我的手中，我就一定会将你打败的！"

　　巨人冲向大卫，大卫一扭身子，躲过了巨人的庞大身躯。

接着，他把手伸进袋子，掏出一块圆滑的石子，然后将其装上投石器，同时，紧紧地盯着巨人前额上头盔的连接处，拉起投石器，用强健的右臂将石子掷了出去。只听"嗖"地一声，石子重重地击中了巨人的前额，巨人轰然倒地。一瞬间大卫飞奔过去，拔出剑，把巨人的头割了下来。

巨人死了之后，以色列军队士气大增，纷纷冲下山坡，杀向向四处逃散的非利士人。战争结束后，扫罗王把大卫召来，并对他说："你不用回去了，你将成为我的儿子。"大卫就留在了扫罗王的营帐，很多年后，他取代了扫罗王，成为新一任国王。

机不可失，时不再来，我们每一个人都明白这个道理，可是像大卫这样及时把握机会的又有几个呢？抓住了机会，我们就可能乘风而起，登上成功的巅峰；如果错失了机会，我们就可能会与唾手可得的成功擦肩而过，因而懊悔不已。你不理机遇，机遇也不会理你，那么你离自己的梦想就会越来越遥远。当机遇来临时，我们一定要紧紧地抓住，当没有机遇的时候，我们也不要苦苦等待，无所事事，我们要结合时局为自己创造机遇，这样我们才能成为一个有所收获，有所成就的人。

没有机会的时候就去创造机会

钢铁大王安德鲁·卡内基曾经说过："机会从来都是自己努力创造的，任何人都有机会，只是有些人善于创造机会罢了。"诚然，天上并没有免费的午餐，也自然不会有平白无故就砸到你头上的机会。仔细观察，你会发现，但凡成功者，都是善于创造机会的人。他们总是在有机会的时候立刻抓住机会，没有机会的时候就去创造机会。

机会从来都是成功的跳板。聪明的人从来都不会浪费时间在白白等待"机会从天而降"这件事情上，因为他们知道，机会从来都不是平白无故掉下来的。他们总是主动而积极地向机会扑过去，从千万个机会中打捞自己真正想要的"黄金"。或许有人会说，机会多么的难得，哪里能够说创造就创造。很多偶然性的客观机遇固然需要等待，但我们自身的主观能动性却更加应该被重视。并且，等待机遇的过程也并不应该就是被动接受的。它同样需要你有积极的准备，需要你学会主动出击。如果你学不会主动争取，请记住这样一句略微刺耳却中肯的话：或许你自认为自己是这个世界上最为独一无二的存在，但是清醒点吧，像你一样平凡的人一抓一大把，比你优秀的人也比比皆是，比你优秀还比你更加努力的人更是数都数不清，当你自恃好运会格外眷顾你的时候，不过是盲目自信以及自欺欺人罢了。

树上村田是日本著名牙刷公司（狮王牙刷）的一名普通工人。有一天，他稍微起得晚了一点，急急忙忙刷牙去上班。结果因为刷牙太过匆忙，他的牙龈都被刷出了血，刚换上的衬衣也被弄脏。为此，树上村田很生气，也很郁闷，在去上班的路上仍是一肚子的牢骚和不满。

到了公司以后，偶然的一次机会，他得知其他的同事也有这样的烦恼，这让树上村田看到了机遇。他决定要着手调研一下"为什么刷牙会造成牙龈出血"这件事情，是因为牙刷材质的问题还是刷牙习惯的问题呢？于是他召集有相同烦恼的几个同事，聚在一起想办法解决刷牙容易伤及牙龈这个问题。

为此，他们想了不少的解决方案。比如，将牙刷毛改为柔软的狸猫毛；在刷牙前先用热水将牙刷毛泡软；多用些更好的牙膏；改变刷牙的速度，开始慢悠悠地刷牙……可惜的是，这些实验的结果最终显示都不太理想。后来，他们进一步对牙刷毛的材质进行放大检查。在放大镜的底下，他们却发现，原来牙刷毛的顶端并不是看上去的尖尖的形状，而是四方形的。那就怪不得牙龈总是会出血了！于是，他们着手进行改进，将牙刷毛的顶端改成了最圆滑的球形。这次，他们实验成功了，用这样的牙刷刷牙，即便早上很匆忙，牙龈也不再像以前那样轻易出血。

没过多久，公司高层正准备全厂征集改良牙刷、促进销售的新方案。树上村田他们改良的牙刷以及取得的良效获得了公司高层的一致认可。在进一步实验论证以及成本核算之后，公司高层决定立即更换生产线，将所有的牙刷产品都改进为顶端为球形的牙刷毛。改进产品后的狮王牙刷在广告媒介的适当推动之下，很快打开了更多的销路，连续畅销十多年，一跃成为销售量占全国同类产品30%~40%的牙刷大王。树上村田也由此从普通员工晋升为主管，更是在十几年后成为了该公司的董事长。

刷牙时可能会导致牙龈出血其实是一个大家都遇到过的一个很普遍的问题。但是，又有多少人想到过要为此解决问题并为自己创造出一个发展的机遇呢？生活往往就是这样，在某种意义上可以这样说，问题就代表着机遇，没有问题，也就不会发现机遇的存在。因此，总是生活在问题中的我们，其实应该要怀抱感恩，积极思考，遇到问题的时候多多思考该怎么解决，这样才有可能遇到属于自己发展的真正机遇。

有没有机会，能否得到机会，其实关键是看你以什么样的态度，什么样的角度来对待身边的这些机会。成功从来就不会凭空来到我们的身边，总是要靠我们积极地行动去创造。身为普通大众中平凡的我们想要获得成功，就必须要多花一些心思，多努力一些，才有可能得到命运的垂青。如果我们一直被动等待，等着别人用金盘子将现成的机会送到我们的面前，显然是并不现实并且不可能的事情。因此，希望你我在未来奋斗的日子里面都能够时刻牢记：良好的机遇要靠自己来创造。

灵活机动，随时随地作出良好的决策

在很多心灵鸡汤中，都告诫人们千万不要轻易放弃，甚至告诫人们永远不要放弃，一定要坚持不懈。其实，这完全是对不放弃的误解。更多的时候，不放弃是激励人们要有勇气，也要有毅力，而并非告诉人们在任何情况下都决不放弃。明智的人是会取舍的，当一个人只盯着一个目标不放手，而无视现实的情况，最终一定会导致被动。相反，假如一个人在人生之中能够以发展的眼光看待问题，也能根据实际情况随时调整自己的选择，则人生会变得更加灵活机动，也能够随时随地作出良好的决策。

人在一生之中，总要面对很多次选择。有些选择是被动的、无奈的，有些选择则是主动的、积极的。当人生之中积极的选择越来越多，也就意味着人们更占据人生的主动，从而成为了命运的主宰。反之，假如人生之中多是消极悲观的选择，人生也就会黯然失色，更会导致人生的懈怠。在面对诸多选择时，过分地优柔寡断、迟疑不决是不好的。明智的人能够在综合考虑各方面情况之后，及时准确地作出决断，如此一来，当然也就能够把握好自己的人生。与选择相对应的是，在必要的时候，我们还要学会放弃。很多人一旦得到，就不愿意失去，甚至为了未曾得到的东西瞻前顾后。殊不知，对于放弃而言，最重要的就是决绝。我们唯有决绝地放弃，才能快刀斩乱麻，帮助自己从艰难的处境中抽身而出，能够集中精力和心智面对未来的生活。

很多时候，失去看似是失去，实际上却是一种得到。例如，我们失去了青春，却得到了人到中年的厚重丰盈；蜡烛燃烧了自己，却给他人带来了光和热，也得到了人们的赞誉。由此可见，人生的快乐并不只在于得到，失去也会带给我们快乐，也能使我们实现人生的目标。

英国首相丘吉尔小时候非常顽皮，有一次差点掉进河里淹死，幸好一个叫弗莱明的农民路过，才挽救了他的生命。不过在把丘吉尔送回家之后，弗莱明就默默离开了，并没有做出什么表现自己的举动。当天晚些时候，丘吉尔的父亲知道了这件事，马上驾驶马车带着重金赶到弗莱明家里，想要感谢弗莱明。

当时，看到一辆马车停在自家门口，弗莱明非常吃惊，他想不到会有什么尊贵的客人来访。当听到丘吉尔的父亲说明来意之后，弗莱明尽管接受了感谢，却坚决拒绝接受任何馈赠。他说："我救人不是为了得到酬金，而是因为这是每一个有良知的人都会做的。"丘吉尔的父亲非常尊重弗莱明，为此他思来想去，提出了一个建议："弗莱明先生，既然您不愿意接受任何酬劳，我想您应该愿意让小弗莱明去我的家里，和我的儿子一起生活，让他接受最好的教育，未来也能有所作为，您觉得怎么样？"面对这样的提议，弗莱明无法拒绝，欣然接受。

最终，小弗莱明果然不负父亲所望，在科学的道路上不断进取，并且因为发明青霉素而获得了诺贝尔奖，名震世界。

对于贫穷的弗莱明而言，拒绝丘吉尔父亲的酬金，显然是一个明智的决定，也正因为如此，他才能够赢得丘吉尔父亲的尊重，也为儿子小弗莱明赢得了另一个机会。然而，让小弗莱明去丘吉尔家生活，显然要放弃他们父子很多亲密相处的宝贵机会，对此，弗莱明作出决绝的舍弃，欣然接受了丘吉尔父亲的建议，从此小弗莱明过上了不一样的生活，也接受了更好的系统教育。对于弗莱明而言，儿子的成就是任何回报和馈赠都无法比拟的，也是对他舍弃父子亲密相处时光的最佳回报，得失之间，明智与决绝顿现。

实际上，没有人的人生能够一帆风顺，我们在面对选择时一定要想清楚，千万不要因为任何外界的原因而放弃自己的原则，在放弃一些东西的时候也要决绝，不要因为优柔寡断错失良机，否则很容易因小失大。总而言之，人生处处皆学问，我们必须不断成长，才能拥有属于自己的精彩人生。

眼光长远，不要只看重眼前利益

多数人因为看重眼前的蝇头小利而失去了信用，失去了人际关系的融洽，这对自己未来的发展是极其不利的。人们往往喜欢实在、重义气的人，往往喜欢和有信誉的人做生意。重利益并没有错，有错的是你因为自己的利益侵犯了别人的利益，有错的是你计较的这点小利，正是他人维持生存的唯一希望，这时候重视小利，就会在你成功的路上布满荆棘。

我们要正确地对待利益在我们生活中扮演的角色，也要正视社会上利益的竞争，做到公平竞争，利益共享，才能够达成双赢。很多人都认为要达成双赢是不可能的事，认为利益面前只有竞争，没有双赢，这样的观念是错误的。我们要做的是得到一张大烙饼，而不是分得一张饼中较大的一部分。

很多人在合作的时候，只考虑眼前的利益，而不考虑长远的合作，这样就容易为了小利而失去了长久的利益。我们必须把自己的利益缩小，这样，我们才可能赢得更多的合作者，变成一头对多头。有了选择的余地，我们就会有更多的盈利点，建立长期的利益互补关系，我们才能够在合作中成为胜利者。比如，作为供求双方，我们可以向对方让一点利，但要求对方在下一次合作项目中优先考虑我们，或者以此为条件要求对方在我方购买他们需要的东西；或者以让利为条件，要求对方介绍他的第三方客户给我们认识，和第三方达成供求关系等。这种与直接利益没有关系，也不存在冲突的方式，往往不会招致对方的反感，同时也能够实现双赢，给我们带来更大的利益。

图德拉是委内瑞拉的一位工程师，他从来没有做过石油生意，但他从朋友处获悉阿根廷需要价值两千万美元的石油，同时，阿根廷牛肉过剩。西班牙需要进口一批牛肉，但他们的造船业很盛，正为订单发愁。然后，他又在中东地区找到一家炼油厂，对方可以提供两千万美元的石油，条件是租用他的油轮。了解清楚后，他把阿根廷过剩的牛肉，卖到了西班牙，又把西班牙过剩的油轮租给了中东地区，同时，把中东地区过剩的石油，卖给了需要石油的阿根廷。就这样，他没有花费很大的力气，只是把货物卖给了需要的地方，就实现了三方的共赢，同时，他也取得了一大笔中间费用。事实上，这才是买卖的真正作用。

我们做生意的原则，就应该是实现共赢，而不是执着于自己单方的一点小利。我们应该得到的利益，的确应该争取，但也要视情况而定，有时，我们过分执着于利益，就会为未来的发展带来障碍。比如，在一个企业的发展初期，经常会有一段困难时期，如果我们与之合作时执着于利益，就会给企业的发展带来不利，这样在企业发展壮大以后，它通常会因为你的不义之举而不再和你合作。如果你肯在这个阶段让一点利给对方，或者允许它的赊欠行为，让它渡过危难期，它想必也会对你的行为心存感激。当它渡过了危难期，也许会为了感激你而决定和你长期合作，尽管你的产品要比别人的昂贵一些。这样，你们双方都会从合作中获益。重要的是，你因为一时让利而获得的长期利益，远比你当下能够获得的暂时利益多得多。

当然，这只是显性收益，还有长期的隐性收益，比如讲信誉、重仁义的好名声，比如通过这个企业你可以认识到的其他客户、你所代表的品牌形象等，这些无形收益更是一笔无法计算的财富。而且，争夺小利会损害人际关系，让周围的人对你有意见、有看法。人际关系受到损害势必会影响你在重大利益上的得失。这样一进一出，最后就不划算了。

比如，一位同事，他为人非常精细，精细到了一丝一毫都不肯吃亏的程度。大家都熟悉他的性子。有一次春节假期结束开始上班时，避免不了要大扫除，包括帮女同事搬搬桌椅、计算机等东西，结果单位所有男女都到了，就这位仁兄居然第二天才上班。虽然大家都没说什么，但大家都认为是他有意不来的。就是这样一个事事都讲究省力、不肯吃亏的人，每年的升迁都没他什么事，追求女朋友也屡屡受挫，提及原因，大家都说："一点亏都不肯吃的人，能指望他成什么大气候。"还有一些小利是我们争不得的，就是和那些把这些小利看作命根子的人竞争时。我们就没有必要和他们争，不妨把小利让给那些为了这些小利奋斗了很久的人，因为你眼中的一点小利有可能是人家长久以来的奋斗目标，这时我们不妨"让一步海阔天空"。

我们一定要清楚，过于执着于小利，就会影响你对大利益的追求。所以，我们要放弃一些自己并不迫切需要的小利益，才能够得到更多的人脉和信誉资源，这样，才能够为我们将来的发展打通更多的关节，铺好我们的成功之路。

火眼金睛，机会转瞬即逝

不少成功的人依靠机遇获得成功和财富，也有不少失败的人在黑暗中看到了希望，靠着机遇重新找到光明，获得新的生活。在漫漫的人生旅途中，机遇也许只会降临一次，你若不能及时地抓住它，它就会转瞬即逝。能抓住机遇也是一种能力，它会帮助你在苦苦跋涉中迎来一次人生的飞跃，让你目睹成功女神的微笑。

有预报蝗虫的，有预报暴雨的，却没有预报机会的。当机遇戴着面纱，从我们身边悄然走过的时候，我们浑然不知，待她已在不知不觉中走远的时候，才猛然发觉，原来我们曾遇到过她。每个人一生当中，都会遇到机遇，可并不是所有人都能抓住机遇的尾巴。你是否为自己曾经错过机遇而感到惋惜，是否希望曾经错过的机遇能再次降临？

有一个牧师，每天都勤奋努力地做着自己的工作，忠诚地侍奉着上帝。有一天，他做了一个梦，梦中，上帝告诉他这里要发洪水了，要他赶紧通知村民离开。上帝还告诉牧师，洪水来的时候，上帝会去救他。

果然，牧师将消息告诉村民之后，洪水就真的来了。等村民全部离开之后，牧师站在教堂的房顶上，等待着上帝来救他。

一会儿，一只小船划了过来，船上的人大叫让牧师赶快上船，牧师想了想，说："你先走吧，上帝会来救我的。"又过了一会儿，有人开着一艘豪华游艇停了下来，对牧师说："您和我们一起走吧。"牧师想了想，还是说："我相信上帝会救我的。"

洪水涨到了教堂的房顶的时候，一架直升机飞过来，放下了软梯，直升机里的人让牧师赶快上来，牧师还是坚持地说："上帝会来救我的，你们走吧。"没办法，直升机只好离开了。

最后，洪水冲走了牧师。

牧师来到天堂，找到上帝，满腹委屈地说："上帝，你不是答应会救我的吗？你为什么出尔反尔了呢？"

上帝叹口气说："我给了你三次机会，第一次是一只小船，第二次是一艘豪华游艇，最后一次是直升机。可你都没有抓住，这能怪谁呢？"

生活中，很多人都在抱怨人生没有机遇，真的是这样吗？是没有机遇还是你不善于抓住机会？上天对每个人都是公平的，它会给你磨难，也会给你别人求之不得的机遇。只是，并不是所有人都有一双善于发现的眼睛，大部分人，错过的机遇总比抓住的多。

有一句谚语说："通往失败的路上，处处是错失了的机遇。坐待幸运从前门进来的人，往往忽略了幸运也会从后窗进来。"成功者之所以成功，是因为他敢于冲锋、主动进攻，善于抓住胜利的时机。机遇从来都不会落在守株待兔者的头上。要想在机遇中受益，就从今天开始，睁大你的双眼，紧紧抓住在你眼前出现的机遇。

世界上缺少的不是机遇，而是善于发现机遇的眼睛。善于发现机遇的人，总能透过现象看到本质，及时摘下机遇神秘的面纱。即使没有偶遇机遇，他们也会想尽一切办法，制造别人梦寐以求的机遇。那些平凡得不能再平凡的小事，那些看似会毁掉你的人生厄运，对拥有火眼金睛的人来说，都是天上掉下来的馅饼，孕育着生命的财富和转机。

机遇偏爱有准备的头脑，要练就一双发现机遇的火眼金睛，我们还要从自身出发加强修炼。多读一些书，机遇来的时候，你不会对它一无所知；多积累一些经验，机遇来的时候，你可以更好地看清它的真面目；多动点脑筋，机遇来的时候，你可以快速地反应过来……你的内在越丰富，机遇就越容易来到你身边。

有一位政治家曾经说过："命和运是两回事，命是天定的，运是机遇，机遇是靠人去把握的。"诚然，机遇是掌握在自己手中的，如果你的生活中没有机遇，那就应该自我检讨一下，看看问题是不是出在了自己的身上。一味地抱怨命运的不公，是弱者的行为，真正的强者，会觉得生活中遍地是机遇。

处处留心，就能发现很多成功的契机

每个人都渴望得到成功，然而，通往成功的道路充满坎坷和曲折，没有任何人能够一蹴而就，一步登天。因而，我们在追求成功的过程中必须充满耐心，也不要拘泥于一种办法。所谓条条大路通罗马，通往成功的道路也并不是只有一条。只要你处处留心，就可以发现很多成功的技巧和方法，为自己的成功铺路。

大多数人所理解的成功，需要自身具备超强的能力，有着顽强的毅力和过人的胆识。当然，每个人的成功都离不开自身的努力，这是必然的。不过现代社会讲究合作，尤其注重人际关系，因而通往成功的路上也就有了一些所谓的"捷径"。诸如你从某个朋友那里得到了内部消息，那么你就可以比其他人先行一步；你认识了一个贵人，他可以提携你帮助你扶持你，这样你的成功之路就不会走得那么艰辛。总而言之，虽然我们坚持认为成功必须付出努力，但是如果有办法提高成功的效率，也将会是不错的选择。

作为美国著名的记者，伍德沃德获得了普利策奖，这是美国新闻界的最高奖项。原本，他一直梦想着进入《华盛顿邮报》，当一名记者。遗憾的是，这家报社的主编余力丝毫不觉得伍德沃德有什么特殊的天赋，虽然余力最终还是聘用了伍德沃德。当然，余力的聘用是有条件的，即他只给伍德沃德两个星期的时间证明自己的实力，而且在这两个星期里，他并不会给伍德沃德任何报酬。

很快，两个星期过去了。尽管伍德沃德不遗余力，但是他所写的十几篇采访稿没有任何一篇被录用。最终，余力失去了耐心，给伍德沃德下了逐客令："我想，你很优秀，也很勤奋，但是并不具备成为一名优秀记者的潜质……"当时，伍德沃德觉得自己如同遭遇了死刑宣判，简直绝望透顶。失去工作的他，不得不在周边找了一份普通的工作。然而，他不死心，也不认为自己一生的命运将就此葬送。为此，他一次又一次地给余力打电话，以求为自己再争取到一次机会。有一次，伍德沃德给正在度假的余力打电话，余力气得大发雷霆，不想，他的妻子却淡然地说："我倒是觉得，这个小伙子的这股劲头正是成为一名好记者的必备条件呢！"就这样，伍德沃德回到了《华盛顿邮报》。

1972年初夏，伍德沃德以敏感的嗅觉，和同事伯恩斯坦一起挖掘出了一个惊天新闻——水门事件。这个与众不同的政治事件，不但帮助《华盛顿邮报》获得了新闻界的最高奖项——普利策奖，也让尼克松提前结束了总统的任期。当然，获益最大的还是伍德沃德，从此之后，他成为了世界知名记者，人尽皆知。

聪明的人不会等着成功的机会从天而降，相反，他们会努力地寻找成功的契机，并且以充分的准备投身于成功的战斗之中。伍德沃德之所以能够借助于水门事件一举成名，正是因为他在否定面前从未自暴自弃，而是不离不弃地为自己争取机会。他几乎是不顾一切地给余力打电话，最终让余力成为他生命中的贵人，帮助他重新回到《华盛顿邮报》，后来，也是凭借着处处留心，终于让他把握住了千载难逢的好机会。

毋庸置疑，有些在我们的生命中偶然出现的人，也许就会成为我们的贵人。他们或许不会帮助我们太多，但是只要给我们一个机会，或者说一句点醒我们的话，就能让我们茅塞顿开，再也不同往常。当然，除了结识贵人之外，成功的道路上还有很多可以助力的事情。从现在开始，就让我们做好准备，随时迎接成功契机的到来吧！

参考文献

[1]程程.做，才能改变：你敢不敢为理想决绝一点儿[M].天津：天津人民出版社有限公司，2014.

[2]米粒.为了梦想，拼尽全力又何妨[M].北京：现代出版社有限公司，2016.

[3]景天.别在吃苦的年纪选择安逸[M].南昌：江西教育出版社有限责任公司，2016.

[4]墨陌.只要坚持，梦想总是可以实现的.南京：南京出版社有限公司，2016.

[5]殷志诚.总有一个梦想我们愿意付出一生[M].王娇，译.青岛：青岛出版社有限公司，2013.